CAKE
STRUCTURE
LAB

蛋糕研究室

林文中 / 著

中国轻工业出版社

作者序 /

《蛋糕研究室》不仅是一本蛋糕食谱书，
还是一本蛋糕制作的工具书。

蛋糕配方的实验

蛋糕研究室通过调整蛋、糖、油、液体及面粉（本书中简称粉）五种基础原料的添加比例，进行实验分析，了解到各原料对蛋糕品质的影响，及如何活用原料的特性进行配方结构调整。另外，在配方结构概念剖析的篇章中，除了建立全奶油蛋糕类、海绵蛋糕类及戚风蛋糕类的基础配方结构外，更增加了无油海绵蛋糕及无油戚风蛋糕的基础配方解构，并说明蛋、糖、油、液体及粉五种原料建议的用量范围，希望读者可以快速了解各类蛋糕的基础配方结构，并活用原料的特性，配制出自己的蛋糕配方。

十人十色的蛋糕

蛋糕的搅拌及焙烤过程会严重影响蛋糕的成败，即使在相同配方及制作的条件下，经过不同人的操作，也很容易制作出不同品质的蛋糕，所以必须具有反复制作的经验，才能稳定搅拌及焙烤的品
质。面糊的搅拌方式及搅拌过程所需
注意的关键重点，都会在本书各
食谱中标示出来，所以在制
作蛋糕之前，建议先了
解食谱的制作过程及
重点提示，另外蛋
糕的焙烤条件也
非常容易影响蛋
糕的成败，且
蛋糕无法像

饼干那样能再回烤补救，所以还是需要多次试做才能找到适合自己烤箱的设定值。

轻松做蛋糕

书中食谱的排列顺序，从蛋少而油、糖、粉多的扎实的磅蛋糕配方开始，到海绵蛋糕类配方，再到蛋多而油、糖、粉少的松软的戚风蛋糕配方，在相同类别的蛋糕中，也会通过配方比例的调整制作出具有差异性的蛋糕，如将全奶油蛋糕类的蛋比例持续增加，而将戚风蛋糕类的蛋比例减少，就能制作出不同的蛋糕口感。另外在食谱中加入乳酪蛋糕系列，运用乳酪的比例差异，可从乳酪戚风蛋糕变化成重乳酪蛋糕。若对蛋糕配方结构有兴趣，则可研究食谱配方比例的变化走向，若只想做甜点，本书食谱中所使用的大部分原料都相当容易购买，只要按照书中食谱，搭配简易用具及家庭用的烤箱，便能轻松地制作出可口的蛋糕甜点。

一直以来我都以科学的方式做烘焙，除了成品的制作外，我对于烘焙理论、原料的特性及运用、配方比例的统计分析及实作记录更有兴趣，所以除了分享食谱外，也将自身对于烘焙理论的理解以文字表达出来，或许文字内容有些冗长无趣，您也不必逐字阅读，但若在制作过程中有无法解决的问题，不妨翻阅一下本书中的文字内容，或许能有所突破。

非常开心又完成一本心目中理想的蛋糕书，作者必然应当辛苦，但对于默默参与本书出版的每一个工作人员，我是真心地谢谢你们，希望借由我们的努力，能为蛋糕食谱书写下美好的一页。

目录

Chapter

海绵蛋糕

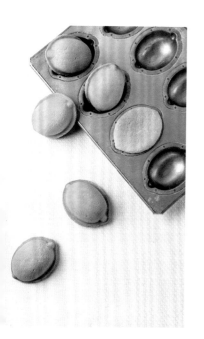

Chapter 1　配方结构概念剖析

开始蛋糕产品实作前，要对烤箱与焙烤方式有正确认知。蛋糕的配方概念集中于本章剖析，第一次阅读也许会有些吃力，那就跳到实作篇章先用美味的甜点疗愈自己吧！

经过实作使技术的熟练度上升，再复习本章内容，一步步吸收这些知识，让你的蛋糕烘焙之路更进一步！

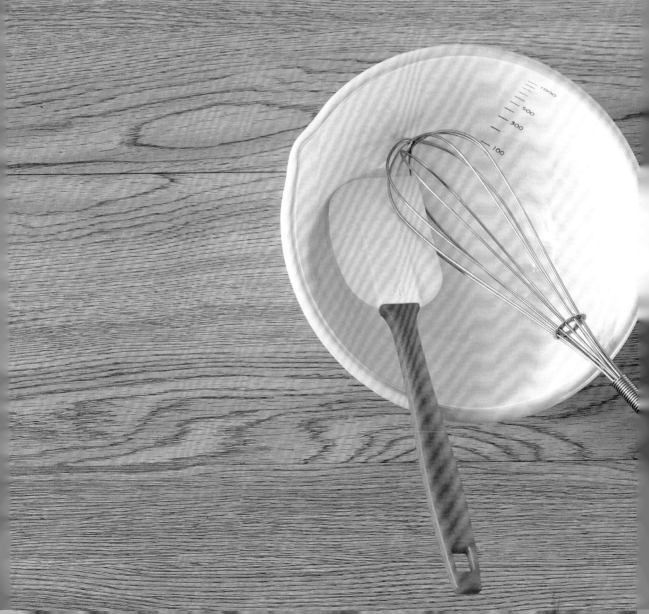

烤箱与焙烤方式的影响

焙烤条件影响蛋糕成败

制作蛋糕的过程中，面糊搅拌的品质好坏会影响蛋糕制作的成败，但即使面糊搅拌的品质再完美，没有配合适当的焙烤条件，焙烤出的蛋糕还是会失败。

蛋糕面糊从搅拌完成、入炉到出炉，所设定的温度与搭配的焙烤时间都需要精准掌握，若没有掌握好，可能会造成蛋糕的焙烤上色度过深或过浅、蛋糕膨胀度低、香气不足、蛋糕与模具分离，甚至面糊没熟或蛋糕组织过黏等失败结果，在出炉冷却后，蛋糕是无法像饼干一样，可以再入炉焙烤补救的。

不同的烤箱规格、烤箱内部摆放层架的高低、有无开启旋风模式、是搭配铁盘还是网架入炉焙烤、烤模的大小搭配面糊的重量……种种因素都会影响蛋糕的焙烤品质，即使设定了与食谱相同的烤温与焙烤时间，但只要上述的一个条件改变，蛋糕的焙烤品质也会跟着改变。

因为了解焙烤对蛋糕的重要性，所以本书选择以一般家庭较常见的32升烤箱示范为主，希望读者用最简易的烤箱也能制作出各式蛋糕。

在食谱中会清楚写明烤箱规格、烤箱内部摆放层架的高低、有无开启旋风模式、搭配铁盘还是网架入炉焙烤、烤模的大小与搭配面糊的重量，希望可以提高读者制作的成功率，书中也有少数食谱使用到42升的半盘烤箱，只要了解烤箱特性，适时调整烤温与焙烤时间，一样能烤制出相同品质的蛋糕。

上火170℃ ┃ 下火190℃

中层 ┃ 网架 ┃ 无旋风

约烤 43分钟

模具尺寸 >>	面糊质量 >>
长10厘米×宽5厘米×高4厘米 铺入烘焙纸备用	100克

注：当标注"带铁盘预热"时，意指烤箱的层架铁盘，非指蛋糕烤模，读者切勿混淆。

[本书使用烤箱的性能比较]

设施功能/烤箱大小	32升旋风式烤箱	42升半盘烤箱
上火加热管支数	2支	4支
下火加热管支数	2支	2支
焙烤最高设定温度	230℃	250℃
烤箱内部层架数	3～4层	2层＋最底部1层
旋风模式	有	无
焙烤火力	较弱	较强

图说>>家用烤箱内部层架高低会影响焙烤效果。

01 · 烤箱不同规格的影响

·烤箱变大→调低烤温或缩短焙烤时间
·烤箱变小→调高烤温与加长焙烤时间

以相同的温度烤蛋糕，32升烤箱火力较弱，42升烤箱火力较强，所以当原本使用32升烤箱设定的焙烤条件，在改用42升烤箱时，建议调低烤温或缩短焙烤时间。

以书中盐之花磅蛋糕食谱所设定的烤温与时间为例，同样每条面糊重390克，若改以42升烤箱焙烤，蛋糕表面上色度明显变深，蛋糕体也会较干；反之，若是以42升所设定的烤温与时间更换为32升烤箱焙烤，则要加强火力与焙烤时间。

32升烤箱若连续烘焙，且炉温差距太大，易有误差

32升烤箱不建议连续变换烤温焙烤不同品种的蛋糕，若调整的温度差距较小，影响可能不大，但若调整的温度差距较大，且后段设定的上、下火温差过大，烤箱内部的实际加热模式可能会与从冷却开始预热烤箱的加热模式不同。

例如，原本以上火210℃／下火190℃烤制蛋糕完成后，将温度调至上火190℃／下火190℃继续烤制蛋糕，温度调幅较小，对蛋糕的品质可能不会有影响。

但若温度由上火210℃／下火190℃，调至上火180℃／下火100℃，焙烤本书中的古早味起司蛋糕，除了温度调整幅度较大之外，后段的上、下火温度差也很大，如此照书中食谱设定焙烤70分钟，蛋糕上色度会过深，并且有可能会烤不熟，建议将烤箱冷却后，重新开始预热焙烤。

02 · 烤箱内部层架高低的影响

不同品牌的烤箱，内部设计的层架

数会有所不同，本书中所使用的32升烤箱，内部有4种不同高度摆放的层架，在书中将其分为上层、中层、中下层及最下层4种高度，食谱中会清楚写明放置的高度位置与建议的焙烤温度。

层架高度影响受热度

若层架原应放置在烤箱最下层，但将其往上移一层至中下层，即使烤箱上、下火温度依然相同，但因其高度改变，上部的受热增加，制品表面的上色速度会加快，相对下火的受热就会减少。所以即使焙烤规格相同的制品，若放置的高度不同，烤箱温度也需要做微幅调整。

书中虽然有建议摆放的高度与焙烤温度，但因市面上各品牌的烤箱各有不同的内部结构设计，所以读者还是要参考书中的设定值，调整出最适合家中烤箱的焙烤条件。

制品表面不要离加热管太近

在选择焙烤高度时，尽量不要让制品离加热管太近，离加热管越近，受热的温度会越不均匀，表面上色度就会有差异。

书中的中空戚风蛋糕因为模具较高，当面糊焙烤膨胀后，会离上部加热管太近，表面很容易变黑，但其模具高度无法改变，可使用旋风模式来改善上色度不均匀的问题。

03 · 有无旋风模式的影响

·有旋风模式→受热火力弱，上色较均匀
·无旋风模式→受热火力强，上色不均匀

若要使用烤箱的旋风模式，必须是在上火与下火的设定温度接近一致时。

有时为了抑制蛋糕的膨胀度，上、下火设定的温度差别较大，如焙烤轻乳酪蛋糕时，下火的温度设定较低，是为了避

免蛋糕在焙烤过程中因过度膨胀而表面爆裂，若有旋风模式，即使底火设定温度较低，实际温度还是会过高，所以在这样的条件下，是不能使用旋风模式的。

食谱中若有旋风模式会特别标注，无标注的情况下则无须使用。

在上、下火温度设定相同的情况下，有旋风模式受热火力会较弱，但上色会较均匀；若无旋风模式，受热火力会较强，但上色均匀度会较差。有旋风模式的焙烤时间通常较长。

在本书中，中空戚风蛋糕的模具高度较高，若无旋风模式，蛋糕的表面与顶部的加热管距离太近，容易造成局部焦黑，除此之外，其他大部分食谱则无旋风模式，多以直火焙烤。

04·以铁盘或以网架焙烤的差别

·蛋糕随着铁盘入炉 → 底火火力会较弱
·蛋糕随着网架入炉 → 底火火力会较强

32升烤箱都附有铁盘与网架，若要制作蛋糕卷，则要自行添购适合32升使用的、有深度的烤盘。

本书食谱中会标示使用网架、铁盘，或是使用铁盘时，先将铁盘放入烤箱一起预热，待模具注入面糊后再放进烤箱。

虽然温度设定相同，但条件不同，制品的受热程度仍会有很大的差别，例如面糊注入模具与网架一同入炉，底火的受热会比使用铁盘时强。

以书中的原味波士顿派举例说明
原设定原味波士顿派的面糊以上火210℃/下火170℃，搭配铁盘焙烤约27分钟。

若以相同温度焙烤，但将铁盘置换为网架，底火受热变强，原味波士顿派

的焙烤膨胀度会变大，冷却后收缩会较剧烈，表面的皱褶就会较明显，严重影响其美观度。所以若使用网架，下火可调低至约150℃。

若以上火210℃/下火150℃，但搭配铁盘入炉焙烤，底火受热变弱，烤出的原味波士顿派倒扣冷却后，蛋糕体会与模具分离剥落。因此，相同配方会因为焙烤条件的不同，导致制作结果有很大的差异。

05·烤模大小与面糊质量

·面糊变厚→延长焙烤时间，必要时降烤温
·面糊变薄→缩短焙烤时间，必要时增烤温

本书中食谱都会标示"使用模具的规格"与"面糊质量"，若使用的面糊质量一样，但使用模具的面积变小，面糊的厚度就会变厚，若面糊厚度增加幅度较大，以相同的温度与时间烤出的蛋糕体可能会偏湿。

反之若模具的面积变大，面糊的厚度就会变薄，焙烤出的蛋糕体就会偏干，若是配方水分较少，蛋糕口感较扎实，如磅蛋糕或重乳酪蛋糕，面糊若变得较薄又没有缩短焙烤时间，蛋糕体会明显变干。

使用的模具若与书中模具规格不同，则可通过判断面糊倒入模具后会变厚还是变薄，决定延长或缩短焙烤时间。

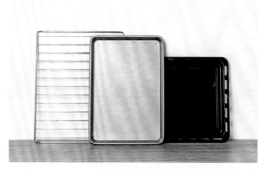

网架—烤盘—铁盘

{蛋糕基本原料＝蛋＋糖＋粉＋油＋液体}

组成蛋糕配方最基本的五项原料为蛋、糖、粉、油、液体，运用这五项基础原料，依照不同的配方比例以及制作方式，就可做出最基本的三大类蛋糕：重奶油蛋糕（面糊类蛋糕）、海绵蛋糕（乳沫类蛋糕）、戚风蛋糕。

海绵蛋糕又可分为两种：含油海绵蛋糕、无油海绵蛋糕；戚风蛋糕也可分成：含油戚风蛋糕、无油戚风蛋糕。

下表以五大原料的不同比例，整理出三大类、五种蛋糕的基础配方结构。

重奶油蛋糕
（面糊类蛋糕）

海绵蛋糕 → 含油海绵蛋糕 & 无油海绵蛋糕
（乳沫类蛋糕）

戚风蛋糕 → 含油戚风蛋糕 & 无油戚风蛋糕

[五种蛋糕基础配方结构]

原料＼配方	重奶油蛋糕	无油海绵蛋糕	含油海绵蛋糕	无油戚风蛋糕	含油戚风蛋糕
蛋	25%	50%	50%	蛋白 33% 蛋黄 17%	蛋白 33% 蛋黄 17%
糖	25%	25%	20%	25%	15%
面粉	25%	25%	25%	25%	15%
油	25%	0%	5%	0%	10%
液体	0%	0%	0%	0%	10%
总和	100%	100%	100%	100%	100%

重奶油蛋糕　包含磅蛋糕、玛德莲、费南雪、布朗尼、千层蛋糕……

基本配方→由蛋：糖：粉：天然奶油＝1：1：1：1组成

若以实际百分比来看，蛋、糖、粉（即面粉）及天然奶油（以下简称油）这四种原物料都为**25%**，除了磅蛋糕的油、粉比例会微幅超过**25%**，蛋比例也会微幅低于**25%**之外，基本上，其他四种基础蛋糕配方的油、粉、蛋的比例，都符合此原则。

高比例的油、糖、粉及蛋比例较少的配方所制作出的磅蛋糕，具有浓郁奶油香气、组织较为扎实、甜度较高、油腻感较重，若要调整制品品质，应该倾向降低蛋糕甜度、降低油腻度、增加蛋糕体松软度来调整配方。

01·降低蛋糕甜度的方法

（1）减少糖用量

由磅蛋糕实验室（**P32**）结果来看，使用糖油拌和法制作蛋糕，糖比例越高，蛋糕的体积也会越大，所以，若单方面的减少糖用量，蛋糕的膨松度会变差、体积会变小、口感会变硬、保湿度变差、化口性变差。

除了糖量的提高会增加磅蛋糕的膨松度外，增加全蛋的比例，也能增加蛋糕的膨松度。虽然增糖及增蛋都会增加蛋糕体积，但两种原料却有不同效果：增糖会增加蛋糕保湿度，但增蛋比例到一定程度，却有可能让蛋糕体变得更干。

若油实际百分比在**25%**，加入**25%**的蛋后，是可以达到完全乳化的状态，若要再增加蛋用量，乳化力会下降，如果增加蛋用量约至**29%**，可以先将一半粉与油、糖进行打发，再加入蛋，即可改善水油分离状况（如本书配方中糖油拌和法的磅蛋糕，蛋在**27%~28%**，都是将一半粉加入糖和油一起打发）。

蛋用量若增加至**30%**以上，再利用糖油拌和法搅拌则容易造成水油分离，导致制品失败，除非增蛋同时增油，提升乳化力，但磅蛋糕油脂成分较重，不宜为了乳化更多的蛋而提高油用量，油用量太高或粉量比例不足，都会让蛋糕表面出油。

所以，若要大幅提高蛋比例，则建议改变制作方式，利用全蛋打发方式，或奶油采用加热方式加入面糊中，才能大幅度提高全蛋用量，也不会因为蛋比例增加而使蛋糕的口感变干（如本书中的玛德莲及费南雪都与传统配方不同，其蛋比例都超过**30%**，并使用全蛋打发法制作）。

1 ： 1 ： 1 ： 1

25% + 25% + 25% + 25% = 重奶油蛋糕

BOX /

>>减糖增蛋会有什么影响？

虽然减糖增蛋能解决蛋糕体膨松度问题，但糖、蛋对于蛋糕的品质有不同影响。糖具有保湿功能，使蛋糕经存放水分较不易散失，若提高蛋比例而减糖，虽然蛋能直接补充蛋糕体湿度，但蛋糕体持水保湿的功能会变差，在存放过程中容易变干；且若使用糖油拌和法搅拌，微幅提高蛋量对蛋糕的品质不会有太明显的影响，但蛋超过一定量后，制作出的蛋糕体会变干（建议改为全蛋打发法，就不会因蛋比例增加，引起蛋糕体变干的问题）。

（2）添加适量不需调整配方的物料

　　加入适量不需调整配方的物料之后，可稀释配方中的糖比例，若再微降配方中的糖量，则能有效降低蛋糕甜度。

　　杏仁粉——可直接加入重奶油蛋糕配方中，而不需要调整配方，且杏仁粉中也含有大量油脂，适量添加不会降低蛋糕的湿润度，并可增加焙烤后的香气。加入杏仁粉能稀释配方中糖的比例，若再微幅减少糖的用量，就能明显降低蛋糕甜度；但若杏仁粉添加比例太高，蛋糕体可能会变干，则要相应减少粉的用量。

　　天然巧克力——可以直接加入蛋糕配方，又能提升面糊乳化力，但必须选用糖度较低的巧克力，以降低蛋糕甜度。少量添加天然巧克力，不需调整配方；但若添加比例太高则会让蛋糕体变干，需相应减少粉用量。

　　番薯泥——新鲜的番薯经蒸或烤后过筛，可直接加入配方中，若添加比例约为总配方的5%，则不需要进行配方调整（可参考P60番薯磅蛋糕，番薯泥添加比例约为总配方的7.5%，直接加入配方即可）。市面上也有贩售（白）豆沙馅，也可用在蛋糕面糊里，但使用现成的（白）豆沙馅还是需要注意其中的糖含量及油含量。

　　坚果、果干——这类原料在面糊搅拌完成后加入，所以并不影响配方平衡。若要降低甜度，可以选择烤熟的坚果类、蔓越莓或是新鲜熟番薯丁等低甜度的原料，便能有效平衡蛋糕体的甜度。

02 · 降低油腻度

（1）改变搅拌方式

利用糖油拌和法制作重奶油蛋糕，若单方面减少油脂用量，蛋量没有跟着下降，很容易发生水油分离的情形。本书配方中的玛德莲及费南雪，油的实际百分比都在**16%～18%**，而重奶油蛋糕基本配方的油实际百分比约为**25%**，减少了**7%－9%**的油用量，若仍以糖油拌和法制作，一定会水油分离。

普通费南雪基本做法： 蛋白＋糖（粉）　→　粉过筛 加入拌匀　→　奶油煮化（焦化）加入拌匀

本书费南雪基本做法： 蛋＋糖 打发　→　粉过筛 加入拌匀　→　奶油煮化 加入拌匀

将糖油拌和法更改为上述两种方式，在最后加入化好的奶油，即使降低油用量也不会导致水油分离。

本书中的玛德莲、费南雪、柳橙蛋糕、蜂蜜柠檬蛋糕、千层蛋糕、沙哈蛋糕相对于重奶油蛋糕的配方，都大幅度下调了油用量，但因为配方中的油、糖及粉的比例与戚风蛋糕相比又偏高，加上没有加入液体原料或加入的液体比例极低，制作出的蛋糕组织还是较扎实，所以本书将其分类为半重奶油蛋糕。

这类蛋糕的做法，都是将奶油煮化后再加入或是以蛋（或蛋白）打发的方式制作，两种方式都能有效提高面糊的乳化能力。

（2）添加乳化剂或乳化油脂

减少重奶油蛋糕配方中的天然奶油比例，确实会影响面糊乳化程度，若添加乳化添加剂，即使油比例降低，同时增加蛋及液体比例，也能达到完全乳化。

蛋糕的乳化剂不仅有较传统的添加剂，还有蛋糕用的乳化油脂。使用乳化类原料制作蛋糕，目的是让面糊乳化力变强，增加打发力，使面糊更加稳定，不易消泡及水化，烤出的蛋糕有膨松度、湿润度，也让蛋糕在存放过程中更加稳定。使用天然食材制作的重奶油蛋糕，经过常温存放，味道很容易变化，是另一个必须注意及克服的问题。

03·增加蛋糕体松软度

（1）增加蛋用量

磅蛋糕的糖比例并非是所有蛋糕配方中最高的，部分海绵蛋糕、长崎蛋糕的糖比例，会比磅蛋糕更高。通常高糖比例的配方就不会再添加油，但因为磅蛋糕配方中，油及糖的比例都较高，会使蛋糕有甜腻的感觉，所以不常调增糖比例来增加蛋糕体积。而若要增加蛋比例来增加蛋糕体积，可参阅**P16 "01·降低蛋糕甜度的方法（1）减少糖用量"**。

（2）利用全蛋打发制作

以基础磅蛋糕配方采用全蛋打发方式制作，面糊能够包入更多的空气，使蛋糕组织更加膨松，若再增加蛋比例至**40%**，降低油、糖比例，并且不添加水分或添加极少比例的水分，就可制作出介于磅蛋糕及戚风蛋糕之间的口感。蛋的实际百分比若在**40%**以上，降低油、糖比例，再于配方中加入水分，则可以制作成戚风蛋糕。

所以从磅蛋糕基础配方调增蛋比例，降低油、糖及粉的比例，可让蛋糕体更松软，如示范食谱盐之花磅蛋糕（蛋**27.5%**）、蜂蜜玛德莲（蛋**33%**）、香草千层蛋糕（蛋**40.2%**）等，蛋的比例越高，蛋糕体会越膨松，同时也会加强蛋糕的湿润口感。

（3）添加乳化剂或乳化油脂

适当添加乳化剂能够有效增加蛋糕体积，使蛋糕体松软，但过度添加，蛋糕焙烤膨胀度反而会变差。如果面糊配方本身就具有完全乳化能力，再添加乳化剂，蛋糕体膨胀度及口感可能会变差。

在正常磅蛋糕的配方比例下，不需要添加乳化剂，但是当配方中调高蛋或液体比例，同时又调低糖及油的比例，使面糊本身乳化力变差时，适度添加乳化剂，可能会让蛋糕膨胀度变好。

无油海绵蛋糕 包含长崎蛋糕、覆盆子海绵蛋糕……

原料 ＼ 配方	重奶油蛋糕	无油海绵蛋糕
蛋	25%	50%
糖	25%	25%
粉	25%	25%
油	25%	0%
液体	0%	0%
总和	100%	100%

01 · 配方结构与调整

将"重奶油蛋糕"配方中的油25%改为0%，使蛋比例增加至50%，则可成为"无油海绵蛋糕"的基础配方。

02 · 材料影响与添加比例

 粉 | 建议添加比例→16%～25%

在磅蛋糕配方中，已将粉量设定为五种蛋糕基础配方的上限，如果再增加粉用量，蛋糕体口感会变干、变扎实且化口性会变差。若要制作蛋糕卷，就要注意卷裂的问题，因此，配方中的粉比例（25%）会调低。

但粉添加比例若超过25%，就必须注意配方中的蛋比例不宜过低，或是在配方中添加液体，以保持蛋糕的湿润口感。

因为无油海绵蛋糕配方中只有蛋、糖、粉，蛋与糖属于湿性材料与柔性材料，而蛋又可与粉同属韧性材料，若粉比例过低（减少韧性材料），同时增加蛋与糖的比例（增加湿、柔性材料），蛋糕体则会变湿黏、无组织感。

重奶油蛋糕　−　　25%　+　25%　=　无油海绵蛋糕

所以若要调低粉比例，来增加蛋糕体的湿度与柔软度，则可增加蛋用量，并微幅减少糖用量。

蛋｜建议添加比例→45%～60%

配方中的蛋，除了能提供水分让粉糊化外，经打发后也能增加蛋糕的膨胀度。

海绵蛋糕或是戚风蛋糕配方中，蛋比例若是超过50%，基本上就可减少液体用量或是不添加液体；反之蛋比例太低，水分不足会使蛋糕化口性变差，蛋糕也会较扎实、组织较粗糙，在蛋比例较低（约40%）、水分不足的情况下，若调增糖比例至30%以上，所制作出的制品会渐渐偏向饼干、烧果子的口感。

所以，若是不添加油或液体的海绵蛋糕配方，蛋比例不宜过低。

糖｜建议添加比例→20%～30%

五种蛋糕基础配方中，无油海绵蛋糕配方未添加油，为了不让蛋糕体太干，砂糖的比例会相对比其他基础蛋糕配方高一些，糖比例会超过25%，也有高于30%的可能。

糖比例越高，虽然蛋糕体保湿度越高，但蛋糕在存放过程中的吸湿度也会较高，若同时搭配较高比例的蛋量，焙烤后的蛋糕体表面和蛋糕组织会较黏手，蛋糕也会较无组织感，后续的加工装饰也不易进行。所以，若要大幅增加糖比例，同时也要调低蛋比例。

在糖比例太低，蛋比例又不高的情况下，蛋糕体会偏干，但若是蛋少糖多，像是钮粒（台式马卡龙）这类制品，蛋比例大约在40%，糖超过30%，粉也超过25%，口感就会介于蛋糕与饼干之间，因为糖比例较高，即使制品偏干，但化口性还是好的。

而在全蛋打发的配方中，糖比例越高，蛋糖打发后的稳定性越高，越不易消泡；反之糖比例越低，蛋糖打发完成拌入粉后，面糊会越易消泡。

含油海绵蛋糕　　包含蒙布朗海绵蛋糕、鸡蛋海绵蛋糕……

01·配方结构与调整

　　添加油能使蛋糕组织较绵密，也能使蛋糕具有油润口感，再搭配糖的保湿功能，会让蛋糕整体的湿润口感增加，所以当蛋糕体口感过干时，调整配方除了要思考蛋或水是否不足外，还可以增加糖或油用量。

　　因此若在无油蛋糕配方中加入油，相应需调整的材料有糖和蛋，"无油海绵蛋糕"配方扣除的5%糖，增加5%油，就成为"含油海绵蛋糕"的基础配方。

原料 ＼ 配方	无油海绵蛋糕	含油海绵蛋糕
蛋	50%	50%
糖	25%	20%
粉	25%	25%
油	0%	5%
液体	0%	0%
总和	100%	100%

02·材料影响与添加比例

 粉 | 建议添加比例→16%～25%

　　"含油海绵蛋糕"的基础配方中，粉为**25%**，已达五种蛋糕基础配方的添加上限，添加的比例与材料的影响和无油海绵蛋糕大致相同。

蛋 | 建议添加比例→34%～59%

配方中的蛋，除了能提供水分让粉糊化外，经过打发也能增加蛋糕的膨胀度。

无油海绵蛋糕　−　 5%　+　5%　=　含油海绵蛋糕

因为增加了油的比例，蛋的添加比例会比无油海绵蛋糕更大，如"重奶油蛋糕"的配方，蛋的比例若增加至**30%**以上，就必须改变做法，将糖油拌和法改为全蛋打发法，若不改变制作方式，会有水油分离的可能，而此做法就会与含油海绵蛋糕做法相同。

若配方的油、糖、粉比例高且蛋少，就将其归类在重奶油蛋糕类，若减油、减粉、增加蛋比例，降低蛋糕扎实口感，增加膨松度，就将其归类在含油海绵蛋糕类。

以本书归类在重奶油蛋糕中的蜂蜜玛德莲食谱为例，其配方中蛋比例达**33%**、油比例为**16%**，所以含油海绵蛋糕的蛋比例下限设定为**34%**，随着油比例减少，蛋的比例则会增加，当油比例为**0%**，蛋添加比例约可至**60%**，所以含油海绵蛋糕的建议添加蛋比例为**34%～59%**。

油｜建议添加比例→1%～15%

依照蜂蜜玛德莲食谱，油添加比例为**16%**，所以含油海绵蛋糕的油比例上限设定为**15%**，若高于**15%**，则归类于重奶油蛋糕类，而下限则设定为**1%**，若不添加油，就会成为无油海绵蛋糕的配方。

糖｜建议添加比例→19%～30%

利用全蛋打发方式制作蛋糕，再加入粉或油搅拌时，面糊消泡程度会较分蛋打发制作明显，而使用全蛋打发制作，糖比例又偏低的情况下，消泡的状况会更剧烈，所以制作含油海绵蛋糕类时，糖的添加比例和面糊稳定度有一定的关联性。

海绵蛋糕配方中若无添加油，为了让蛋糕体不要太干，糖的添加比例可达**30%**，但配方中若有加入油，油添加比例越高，糖比例则可越低，反之油比例越低，糖比例越高。但即使添加较高比例的油，为了使面糊稳定，避免严重消泡，海绵蛋糕的糖比例下限应设为约**19%**，若低于此下限，蛋糖打发后的体积虽然会较大，但在拌好之后消泡程度会较高，面糊易水化，少量制作或许可克服其缺点，但不适合大量制作。

加入低比例的油，还是要维持高糖比例来保持含油海绵蛋糕湿润度，而糖添加比例上限可与无油海绵蛋糕一样维持在**30%**，当然也可以添加超过**30%**，但还是必须注意蛋比例不宜过高，避免造成其蛋糕体过于湿黏。

无油戚风蛋糕 包含夏洛特鲜果蛋糕卷、布晒尔蛋糕······

01 · 配方结构与调整

　　将"无油海绵蛋糕"配方中的**50%**的全蛋拆分成**33%**蛋白和**17%**蛋黄，以分蛋打发法制作，则可成为"无油戚风蛋糕"基础配方。

　　以分蛋打发法制作的面糊性状较干、流动性较低，所以可挤出成形，但蛋糕口感与全蛋打发法制作的海绵蛋糕相较之下会较干，组织也会较粗，所以除了蛋糕配方中可加入杏仁粉增加蛋糕的香气及油润度外，还会搭配慕斯或奶油内馅，增加整体湿润口感。

原料 ＼ 配方	无油海绵蛋糕	无油戚风蛋糕
蛋	50%	蛋白　33% 蛋黄　17%
糖	25%	25%
粉	25%	25%
油	0%	0%
液体	0%	0%
总和	100%	100%

02 · 材料影响与添加比例

 粉 ｜ 建议添加比例→17%～25%

　　在无添加油的蛋糕中，不论是全蛋打发的无油海绵蛋糕还是分蛋打发的无油戚风蛋糕，因为添加的糖比例较高，所以粉比例也不宜过低。粉添加比例上限设定为五种蛋糕基础配方的上限，即**25%**，若超过**25%**则成为饼干与烧果子的配方。

　　通常无添加油的蛋糕配方中，会加入高比例的杏仁粉，若杏仁粉添加量在配方的

5%以下，可不调整配方直接加入，若添加比例较高，可相应减少些许粉量。

无油戚风蛋糕配方中添加杏仁粉后，其他原料比例会被拉低，所以要检视配方比例时，除了原配方添加的杏仁粉的百分比外，也要检视移除杏仁粉后的百分比，才能正确检视蛋、糖、粉的比例。

糖｜建议添加比例→20%～30%

无油海绵蛋糕与无油戚风蛋糕基本配方大致相同，因为无添加油，若要制作蛋糕，则必须思考蛋糕的湿润度，所以糖的添加比例不宜过低，大致与无油海绵蛋糕的建议比例相同。

蛋｜建议添加比例→45%～60%

若要制作蛋糕，蛋添加比例建议在45%以上，添加比例若接近40%，则会偏向饼干、烧果子的口感。因为无油戚风蛋糕和无油海绵蛋糕一样不添加油，所以蛋的添加比例不能太低，建议蛋添加比例和无油海绵蛋糕相同。

含油戚风蛋糕 包含实心戚风蛋糕、中空戚风蛋糕、蛋糕卷……

01·配方结构与调整

含油戚风蛋糕运用分蛋打发法制作，并在配方中加入油及较高比例的液体，所以其蛋糕的组织与其他蛋糕种类相比更膨松、柔软且具湿润度。

利用蛋、糖、油、粉、液体这五种原料，可制作出具有各种特性的含油戚风蛋糕，再依各自所需要的品质，调整配方比例，完成符合需求的含油戚风蛋糕。

配方 \ 原料	无油戚风蛋糕	含油戚风蛋糕
蛋	蛋白　33% 蛋黄　17%	蛋白　33% 蛋黄　17%
糖	25%	15%
粉	25%	15%
油	0%	10%
液体	0%	10%
总和	100%	100%

02·材料影响与添加比例

蛋｜建议添加比例→38%～60%

蛋能增加含油戚风蛋糕的化口性、增加湿润口感以及焙烤着色度，并具有打发性，能增加蛋糕松软度，所以，在所有蛋糕配方中都希望增加蛋比例，以提高蛋糕的品质。

但含油戚风蛋糕利用分蛋打发法制作，在配方中又添加油及较高比例的液体，所以蛋的添加比例即使低于**40%**，只要通过配方比例的调整，还是可以制作出具有化口性及湿润度的蛋糕。

无油戚风蛋糕 — 10% — 10% + 10% + 10% = 含油戚风蛋糕

不过蛋的比例越低，蛋糕的口感就越不松软轻盈，若是低于**38%**，则要增糖、增油并同时减少液体比例，以提高化口性，但蛋糕的湿润度会降低，且组织会更扎实，这类蛋糕即归类于磅蛋糕。因此，含油戚风蛋糕的蛋比例下限设定为**38%**。

含油戚风蛋糕的蛋比例越高，蛋糕的化口性越好，而蛋白打发的比例就会越高，所拌入面糊的空气比例就会越高，较能制作出膨松柔软的蛋糕组织。蛋能提供面糊所需要的水分，所以配方中若添加的蛋比例较高，则可减少些许液体比例，同时也可降低柔性材料、糖与油的比例。

配方中蛋比例高于**45%**，则归类于蛋比例较高的配方；蛋比例低于**45%**，则归类于蛋比例较低的配方，建议含油戚风蛋糕的蛋添加比例为**38%～60%**。蛋比例低的含油戚风蛋糕配方，除了可增加糖比例来补足化口性变差的缺点，也可增加液体并预先烫面，让面粉先糊化，以提高蛋糕化口性及湿润度。

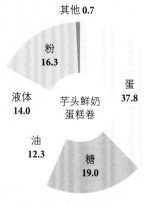

其他 0.7
粉 16.3
液体 14.0
芋头鲜奶蛋糕卷
蛋 37.8
油 12.3
糖 19.0

芋头鲜奶蛋糕卷（P245）配方结构

蛋比例为**37.8%**，若只是增加糖及液体比例，蛋糕的化口性还是会较差，所以可借由预先烫面使淀粉糊化，以增加蛋糕化口性及保湿度，但蛋糕组织会不够膨松轻盈。

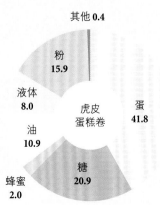

其他 0.4
粉 15.9
液体 8.0
虎皮蛋糕卷
蛋 41.8
油 10.9
糖 20.9
蜂蜜 2.0

虎皮蛋糕卷（P241）配方结构

蛋比例偏低，为**41.8%**，而液体比例也偏低，所以配方中糖比例会较高，并搭配**2%**的蜂蜜来增加蛋糕的化口性及湿润度，而蛋少、液体少及糖多的蛋糕，保存性会较好，存放于室温的保存期限相对较长。

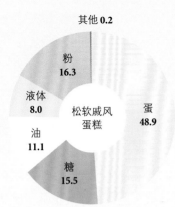

其他 0.2

粉 16.3

液体 8.0

松软戚风蛋糕

油 11.1

蛋 48.9

糖 15.5

松软戚风蛋糕（P189）配方结构

蛋比例较高，为**48.9%**，糖的添加比例可高可低，所以若要降低蛋糕甜度，配方中的蛋比例则不宜过低。

糖 | 建议添加比例→7%～23%

糖为柔性材料，赋予蛋糕湿润口感并有保湿效果，也能增加焙烤膨胀度、蛋糕的化口性与香气。若配方中糖比例低于**15%**，则归类于糖比例偏低的配方；若糖比例为**15%~20%**，则属于高糖比例的配方；糖比例高于**20%**，就属于超高糖比例的配方。

（1）湿润度、膨胀度：糖vs油的用量关系
因为含油戚风蛋糕配方中加入油，而糖与油都属于柔性材料，皆能赋予蛋糕湿润口感，所以不需单纯依靠糖来提供蛋糕湿润度，可与油互相搭配，调整用量，因此，糖的添加比例可比无油戚风蛋糕或无油海绵蛋糕的添加比例还低。

（2）化口性：糖vs蛋
在戚风蛋糕配方中，若蛋的比例低于**43%**，蛋糕的化口性就会渐渐变差，所以可增加糖比例来补足其缺点；反之，若要制作低糖配方或是咸口味的蛋糕，则必须降低糖比例，配方中的蛋比例则不宜过低。

BOX /

低糖比例	高糖比例	超高糖比例	（超）高糖比例
10%以下	约15%	20%以上	搭配高油比例
油的添加比例可在10%以上	可降低油的添加比例约至10%	可添加极低比例油甚至可以不添加油（无油戚风蛋糕）	属于磅蛋糕配方

>> 油添加比例过高
油会抑制蛋糕的膨松度，蛋糕组织会具有偏湿的口感，表面容易有出油现象，口感不够清爽。

>> 糖添加比例过高
糖会增加蛋糕膨松度，蛋糕组织会具有偏干的口感，表面易有回潮现象，蛋糕焙烤后的香气较浓郁，若是超高糖比例的面糊配方，使用8寸实心戚风蛋糕模焙烤，就可能需要降低配方中的油及液体比例，且粉的比例也不宜偏低，否则蛋糕倒扣冷却后容易有凹陷问题产生。

高糖比例的配方→所搭配的蛋比例可高可低

低糖比例的配方→建议搭配的蛋比例较高

油｜建议添加比例→1%～15%

　　油为柔性材料，能增加蛋糕的柔润度，与蛋糕组织的细致度，但油添加比例过高，反而会抑制蛋糕的膨松度。

　　含油戚风蛋糕油添加比例约在**10%**，就可赋予蛋糕足够的柔润度及组织细致度，又不会过度抑制蛋糕的膨胀度。油比例若超过**15%**，还是能制作出具有海绵组织并具湿润度的蛋糕体，但若过度添加，则蛋糕膨胀度会变差，且表面会出油，反而会降低蛋糕品质，也不能制作出重油成分的戚风蛋糕。

　　在磅蛋糕系列中，将蛋比例调高并降低油比例、以全蛋打发制作的玛德莲蛋糕，或是分蛋打发制作的千层蛋糕，油比例均在**15%～16%**，与磅蛋糕相较油比例变低，组织变松软，但若与含油戚风蛋糕相比较，则油比例过高，所以在含油戚风蛋糕配方中，建议的油添加比例上限为**15%**。

**低油比例
（5%以下）**

　　添加油比例低的情况下，就需要蛋与糖的比例较高，利用蛋与糖增加蛋糕的湿润度口感，甚至可以将油比例降至极低。

　　在制作低糖比例或咸口味的戚风蛋糕时，糖的添加比例较低，蛋糕的化口性与湿润度就会降低，可添加较高比例的油增加湿润度和口感。

**高油比例
（13%以上）**

FLOUR 粉｜建议添加比例→12%～20%

　　蛋白＋糖打发后，蛋白霜形成细致且均匀的细小气室，与未添加粉的蛋黄糊结合，面糊入炉焙烤后，还会膨胀成海绵组织结构，但随着出炉冷却，蛋糕组织则会收缩扁塌，无法维持海绵组织结构，若是面糊中添加适当的粉比例，出炉冷却后的海绵组织就不会坍塌，并且能维持住海绵组织结构。

　　粉不仅能维持蛋糕海绵组织结构，也会影响蛋糕的焙烤膨胀度及湿润度，在含油戚风蛋糕配方中，建议的粉添加比例为**12%～20%**。

　　粉添加比例在**15%**，就能维持蛋糕组织结构，而粉比例超过**20%**，也可以制作出含油戚风蛋糕，但蛋糕膨胀度会较小，口感会较扎实，蛋糕的湿润度也会较差。若要添加高比例的粉，也必须增加配方中的糖、油比例，而高粉、高糖、高油的比例，更适合磅蛋糕的配方模式。

粉比例若低于**15%**，蛋糕的焙烤膨胀度会较大，蛋糕组织会较软，若是配方中蛋比例较低而液体的比例又偏高，蛋糕就会更软，蛋糕组织的维持度会相对较低。若用于制作8寸实心戚风蛋糕，蛋糕脱模后容易会有坍缩的情形，但若用于制作中空戚风蛋糕，或平盘戚风蛋糕（蛋糕卷），情况则会得到改善。

粉添加量若低于**10%**，也能焙烤出具有海绵组织的蛋糕体，但蛋糕出炉后收缩的幅度会较剧烈，如粉的添加比例较低，面糊用平底锅煎完后，会膨胀形成蛋糕组织，但随着冷却，蛋糕的收缩程度就会变大。

利用实心、中空戚风蛋糕模具或烤盘制作含油戚风蛋糕，建议粉的添加比例下限不要低于**12%**。

液体｜建议添加比例→0%～16%

液体材料能增加蛋糕焙烤后的柔软度，含油戚风蛋糕在不添加水或其他液体的状况下，将打发的蛋白霜与粉结合，面糊会缺乏焙烤膨胀性，焙烤后的网状海绵组织结构会较坚固。但配方中加入水后，面糊的焙烤膨胀度会变好，蛋糕组织会较湿润柔软。如果配方中包括水在内的液体比例过高，蛋糕的海绵组织结构会过软，虽然焙烤时的膨胀度较大，但冷却后蛋糕的支撑度会较差，收缩后的蛋糕组织会较扎实且湿软。

含油戚风蛋糕的面糊结合了蛋白霜与蛋黄糊，而蛋黄糊中若不添加液体，加入低筋面粉后，面糊会过稠，甚至单靠蛋黄的水分可能无法将低筋面粉拌入，所以在不添加液体的状态下，必须改变做法，采用无油戚风蛋糕的制作方式（蛋白＋糖打发，加入蛋黄拌匀，粉过筛后加入拌匀，最后拌入油）。

而不添加液体的蛋糕配方中，蛋、糖的比例需较高，糖能增加蛋糕保湿度、提高化口性，最重要的是能稳定面糊，降低消泡程度。不添加液体的含油戚风蛋糕配方中，只有蛋能提供面糊水分，所以建议蛋的添加比例在**50%**以上，而油比例不宜过高，油比例若过高，会加快面糊的消泡速度。

不添加液体的配方所制作出的蛋糕体湿润度较低，也会较扎实。若液体添加比例高于**5%**，就可用含油戚风蛋糕的做法，当液体比例高于**14%**，粉的比例建议高于**15%**，若粉比例太低，则无法维持蛋糕的海绵组织。

无油戚风蛋糕				含油戚风蛋糕			
蛋白33% 蛋黄17%		FLOUR	液体	蛋白33% 蛋黄17%		FLOUR	
50%	25%	25%		50%	15%	15%	10%

0% ————————————— 16%

表一

组别 材料（克）	对照组1 —	实验组2 减油	实验组3 减糖	实验组4 减粉
蛋	25	25	25	25
糖	25	25	19.3	25
粉	25	25	25	19.3
无盐奶油	25	19.3	25	25
总和	100	94.3	94.3	94.3

注：此表中数据非制作蛋糕的实际用量，是为了方便说明，以对照组的实际百分比做单一原料用量上的增减。

表二

组别 材料（%）	对照组1 —	实验组2 减油	实验组3 减糖	实验组4 减粉
蛋	25	26.5	26.5	26.5
糖	25	26.5	20.5	26.5
粉	25	26.5	26.5	20.5
无盐奶油	25	20.5	26.5	26.5
实际百分比	100	100	100	100

表一的实验组配方只减少或增加单一原料的用量，未改变的原料的数值皆设定为25克，因此，会以单一原料的增加或减少来判定其对蛋糕的影响。若将表一的配方再换算为实际百分比，如表二所示，就可发现改变单一原料的用量时，其他原料用量的比例也会随之变化，所以，若要精准地审视调整后的配方对于蛋糕造成了什么影响，需同时检视表一与表二才会更精准。

实验组5	实验组6	实验组7	实验组8	实验组9
减蛋	增蛋	增糖	增油	增粉
19.3	31.3	25	25	25
25	25	31.3	25	25
25	25	25	25	31.3
25	25	25	31.3	25
94.3	106.3	106.3	106.3	106.3

将配方换算成为实际百分比 ▼

实验组5	实验组6	实验组7	实验组8	实验组9
减蛋	增蛋	增糖	增油	增粉
20.5	29.5	23.5	23.5	23.5
26.5	23.5	29.5	23.5	23.5
26.5	23.5	23.5	23.5	29.5
26.5	23.5	23.5	29.5	23.5
100	100	100	100	100

表三

性状＼组别	对照组1	实验组2	实验组3	实验组4
焙烤膨胀度	○	○	×	○
焙烤上色度	○	×	×	○
蛋糕表面裂口	○	×	×	
蛋糕体软度		×	×	
化口性		○		○

蛋
增加化口性、湿度、体积

（1）蛋多→化口性较好
蛋少→化口性较差

实验组5减蛋配方的化口性，会明显比实验组6增蛋配方差，实验组5在减蛋的同时增加油、粉用量，会使化口性变差。

而检视表二，蛋比例最低的为实验组5、实验组7、实验组8、实验组9这四组，除了实验组7增糖比例能提高化口性外，其余三组化口性都是九组中较差的，而制作磅蛋糕，通常不会特意降低蛋比例。

反之增加蛋比例，对于焙烤膨胀度及化口性都有明显帮助（但要注意，若蛋添加比例接近30%，可能会水油分离，导致制作失败）。

（2）蛋较多→蛋糕体会较湿
蛋太多→蛋糕体反而会变干

实验组6的增蛋配方虽然能立即增加蛋糕的湿度，但靠蛋或液体所带来的湿润度不具有保湿效果，蛋糕中的水分很容易在存放过程中变干。

磅蛋糕是使用糖油拌和法制作，当蛋的比例增加至一定程度后，蛋糕体不会变得更湿润，反而会变得更干；所以，蛋增加时，要考虑增加保证蛋糕保湿性不变的原料，或减少些许粉的用量。

若比较实验组6的增蛋配方与实验组7的增糖配方，增糖配方的蛋糕会更松软，化口性也是这九组中最好的。

（3）蛋多→体积较大
蛋少→体积较小

实验组5的减蛋配方的蛋糕体积，比实验组6的增蛋配方体积小，但差异并不会太大。

由表一检视实验组5的减蛋配方及实验组6的增蛋配方，两者配方的差别只在蛋量，以结果论，减蛋与增蛋对蛋糕体积的影响并不太大；若以表二实际百分比检视，实验组5为减蛋增糖、实验组6为增蛋减糖，所以两组的体积不会有太大差异。

但若检视表二中实验组3（糖比例减至最低）及实验组5（蛋比例减至最低），

成品的差异 ▼

	实验组5	实验组6	实验组7	实验组8	实验组9
	○	○	○	×	×
	○	○			
		○			
		○	○	○	×
	×	○	○	×	×

将实验组3
糖比例减到最低

将实验组5
蛋比例减到最低

将实验组6
蛋比例增到最高

表四
用量（克）

组别 材料（克）	实验组3	实验组5′	实验组6′
	减糖	减蛋	增蛋
蛋	25	19.3	31.3
糖	19.3	25	25
粉	25	25	25
无盐奶油	25	25	25
总和	94.3	94.3	94.3

表五
实际百分比（%）

组别 材料（%）	实验组3′	实验组5′	实验组6′
	减糖	减蛋	增蛋
蛋	26.5	20.5	29.5
糖	20.5	26.5	23.5
粉	26.5	26.5	23.5
无盐奶油	26.5	26.5	263.5
实际百分比	100	100	100

蛋比例较高→注入相同体积的模具烤出蛋糕体积会较大，填入面糊可稍微减少
蛋比例较低→注入相同体积的模具烤出蛋糕体积会较小，填入面糊可稍微增加

对照组1　实验组2　实验组3　实验组4　实验组5　实验组6　实验组7　实验组8　实验组9

表六

组别 材料 （克）	实验组3	实验组6"	实验组7	实验组8	实验组9
	减糖	增蛋	增糖	增油	增粉
蛋	25	31.3	25	25	25
糖	19.3	25	31.3	25	25
粉	25	25	25	25	31.3
无盐 奶油	25	25	25	31.3	25
总和	94.3	106.3	106.3	106.3	106.3

实验组5的蛋少糖多配方的蛋糕膨胀度也不会太差，所以，对于蛋糕体积，糖的影响是大于蛋的。

🧊 糖
增加蛋糕体积、柔软度、化口性

（1）糖多→体积较大
糖少→体积较小

由实验组3减糖配方与实验组7增糖配方，可比较出改变糖量会使蛋糕体积有明显差异；糖添加比例高的蛋糕膨胀度会较大，反之会较小。

而实验组3、实验组6、实验组8、实验组9这四组，在九组配方中糖的比例是偏低的，除了实验组6因为蛋比例较高，能提高蛋糕的膨胀度外，实验组3、实验组8、实验组9的蛋糕体积是这九组中最小的，所以糖比例与蛋糕体积呈正相关。蛋糕膨胀度越大，蛋糕组织的孔洞会越大，若蛋糕膨胀度低，其切面的孔洞会细小一些。

若以表一来检视蛋糕体积与比例的关系，以实验组3减糖配方、实验组8增油配方及实验组9增粉配方所制得的蛋糕体积最小。

但若由表二检视实验组3、实验组8、实验组9，单方面大幅降低糖比例，同时油、粉比例又偏高（如实验组3），或蛋与糖的比例同时下降，油或粉其中一项原料偏高（如实验组8、实验组9），都会让蛋糕体积变小。

（2）糖多→蛋糕较软
　　　糖少→蛋糕较硬

糖具有保湿效果，也能延缓蛋糕老化，使蛋糕具有柔软口感，即使蛋糕经过存放，蛋糕体也不容易变干。实验组3减糖配方的口感是九组中最硬的，反之实验组7增糖配方是九组蛋糕中口感最软的。

在九个实验组口感软硬度比较中，实验组6、实验组7、实验组8的口感是较柔软的，柔软程度依序为：实验组7增糖配方>实验组8增油配方>实验组6增蛋配方。

所以提高糖、油、蛋都可以增加蛋糕的柔软度，但不建议采用增油配方，因为会使蛋糕化口性会变差；反之降低油比例，虽然蛋糕会变硬，但化口性会较好。

（3）糖多→蛋糕化口性较好
　　　糖少→蛋糕化口性较差

九个实验组中，以实验组7的增糖配方化口性最好，虽然糖会增加蛋糕的化口性，但若没有搭配适量的蛋比例，化口性也不会变好。

由表二检视糖比例，糖最高的比例为实验组7的29.5%，次之为实验组2、实验组4和实验组5的26.5%，但因实验组5为减蛋配方，蛋为九个实验组中比例最低的（20.5%），所以即使糖比例为26.5%，化口性还是偏差。

而实验组8、实验组9的糖与蛋的比例皆偏低，为23.5%，化口性是九组中最差的，虽然实验组6的糖比例也是23.5%，但因为蛋比例较高为29.5%，所以其蛋糕化口性还是好的。

 粉
影响上色度、化口性、软硬度

（1）粉多→上色度较浅
　　　粉少→上色度较深

单纯降低面粉用量，蛋糕的焙烤上色度会较深。

由实验组4减粉，与实验组9增粉焙烤上色度比较，增粉的配方焙烤上色度会较浅，当然蛋糕焙烤香气也会稍有不足，所以可从配方中粉的比例来判断焙烤温度。

减粉配方

增粉配方

粉比例高→烤箱温度较高或焙烤时间长
粉比例低→烤箱温度较低或焙烤时间短

对照组1　实验组2　实验组3　实验组4　实验组5　实验组6　实验组7　实验组8　实验组9

（2）粉多→化口性较差
　　　粉少→化口性较好

实验组4减粉配方的化口性，会比实验组9增粉配方还好，实验组9的蛋糕体太干、化口性较差。实验组4虽然化口性较好，但蛋糕出炉的状态较软，蛋糕侧边容易有凹陷的状况。

粉比例若偏高，增加蛋、糖比例→
化口性会较好（如实验组2）

粉比例若偏高，减少蛋的比例→
化口性会较差（如实验组5）

粉比例若偏低，增加蛋或糖比例→
化口性会较好（如实验组6、实验组7）

（3）粉多→口感较硬
　　　粉少→口感较软

粉的添加比例越高，蛋糕的口感会越硬，如实验组9的增粉配方所制作出的蛋糕体口感偏硬，但若粉比例过低，如实验组4的减粉配方，蛋糕经焙烤后组织支撑度不足，而出现蛋糕体收缩的情形，蛋糕体口感也不会是柔软的。

粉比例若偏高，油或糖比例又偏低→
口感会较硬（如实验组2、实验组3）

适当降低粉比例，提高蛋或糖或油的比例→口感会较软（如实验组6、实验组7、实验组8）

油脂
影响化口性、软硬度、膨胀度

（1）油多→化口性较差
　　　油少→化口性较好

实验组8增油配方的化口性，是九组配方中最差的，实验组2减油配方化口性较好。

配方中油脂比例越高，油脂乳化蛋的能力会越强，水分会与油脂紧密结合，而加入粉后，粉所能吸收到的水分比例就会下降，在水分不足的情况下，蛋糕的化口性就会变差。若添加蛋糕乳化剂制作蛋糕，乳化剂添加比例越高，乳化水分的能力会越强，面糊会越浓稠，在过度添加乳化剂的情况下，也会让蛋糕的化口性变差。

> 油脂比例若偏高，降低蛋比例→
> 化口性会较差（如实验组5）

> 油脂比例若偏高，提高蛋、糖比例→
> 化口性较好（如实验组4）

（2）油多→口感较柔软
油少→口感会较硬

实验组8增油配方蛋糕体明显较软，实验组2减油配方蛋糕体明显较硬。

蛋、糖与油都能让蛋糕口感变软，在实验组8增油配方中，虽然糖与蛋的比例偏低，但单方面地增加油脂比例，蛋糕体还是柔软的；而实验组2减油配方虽然蛋与糖的比例偏高，但油脂比例是九组配方中最低的，蛋糕体口感是偏硬的，所以油脂比例能有效地影响蛋糕的软硬度。

> 油脂、蛋的比例若偏高，糖比例过低→
> 蛋糕口感也会偏硬（如实验组3）

> 油脂比例若偏低，提高蛋或糖的比例→
> 蛋糕体口感会较软（如实验组6、实验组7）

（3）油多→膨胀度较差
油少→膨胀度较好

实验组8增油配方的蛋糕膨胀度较差，实验组2减油配方蛋糕膨胀度较好。

蛋与糖都能增加蛋糕的焙烤膨胀度，在实验组8增加油脂比例的同时，又降低蛋与糖的比例，焙烤膨胀度会较差；若配方中油脂比例偏高，又提高糖比例，蛋糕焙烤膨胀度会较好。

> 油脂比例偏高时，提高糖比例，或同时提高糖与蛋的比例→
> 焙烤膨胀度较好（如实验组4、实验组5）

> 油脂比例偏高时，降低糖比例→
> 焙烤膨胀度会稍差（如实验组3）

表一

组别 材料（克）	对照组1 —	实验组2 增蛋	实验组3 增糖	实验组4 增油	实验组5 增水	
蛋白	90	106	86	86	86	
糖	45	39	43	39	39	
蛋黄	45	53	43	43	43	
糖	0	0	26	0	0	
油	36	30	30	60	30	
液体	39	33	33	33	63	
粉	45	39	39	39	39	
总和	300	300	300	300	300	

表二

组别 材料（%）	对照组1 —	实验组2 增蛋	实验组3 增糖	实验组4 增油	实验组5 增水	
蛋	45	53	43	43	43	
糖	15	13	23	13	13	
油	12	10	10	20	10	
液体	13	11	11	11	21	
粉	15	13	13	13	13	
总和	100	100	100	100	100	

表一的数值为配方用量，每组原料总和皆为**300克**，成品为**6寸**戚风蛋糕。实验组配方在增加单一原料时，则需减少其他原料用量；反之，减少单一原料时，则需增加其他原料用量。

表一重点在分蛋打发时，蛋白＋糖和蛋黄＋糖的用量比例，若要审视调整后的配方对蛋糕造成什么影响，需将蛋白＋蛋黄合计、糖合计，换算出表二的实际百分比，才可较精准地审视配方。

实验组6	实验组7	实验组8	实验组9	实验组10	实验组11
增粉	减蛋	减糖	减油	减水	减粉
86	74	94	94	94	94
39	37	21	47	47	47
43	37	47	47	47	47
0	14	0	4	4	4
30	42	42	12	42	42
33	45	45	45	15	45
69	51	51	51	51	21
300	300	300	300	300	300

蛋白与蛋黄合计、糖合计，换算为实际百分比 ▼

实验组6	实验组7	实验组8	实验组9	实验组10	实验组11
增粉	减蛋	减糖	减油	减水	减粉
43	37	47	47	47	47
13	17	7	17	17	17
10	14	14	4	14	14
11	15	15	15	5	15
23	17	17	17	17	7
100	100	100	100	100	100

表三

性状＼组别	对照组1	实验组2	实验组3	实验组4	实验组5
蛋糕体积	○	○	蛋糕大凹底		×
蛋糕支撑度	○	×			×
焙烤上色度	○	○	○		×
口感		○			×
		化口性好	具有湿润度	具有湿润度	口感湿糊

 蛋糕体积

影响体积的因素：

蛋糕体积较大→
增蛋、增糖、增粉、减油、减水，
或蛋、糖与粉的比例高于对照组

蛋糕体积较小→
减蛋、减糖、减粉、增油、增水，
或蛋、糖与粉的比例低于对照组

实验组9、实验组10的蛋、糖及粉的比例皆高过对照组1的配方，提高蛋、糖与粉比例的同时，油与水的比例自然就会降低，制作出的蛋糕体积就会较大。

实验组7的减蛋配方、实验组8的减糖配方与实验组11的减粉配方，虽然在蛋、糖与粉这三项原料中，都有两项高于对照组1比例，但实验结果的蛋糕体积还是偏小，所以在配方中大幅降低蛋、糖、粉其中一项的比例，会直接影响蛋糕体积，皆会使蛋糕体积变小。

在实验组配方中，蛋、糖与粉的其中一样比例高于对照组1的配方有实验组2的增蛋配方、实验组3的增糖配方及实验组6的增粉配方，虽然这些配方中只有一项比例超过对照组1，其中两项原料的比例皆少量低于对照组1，但就实验结果来看，其蛋糕体积还是较大。

实验组4增油配方与实验组5增水配方的蛋、糖与粉的比例皆低于对照组1，制作出的蛋糕体积则较小。

| 实验组7 | 实验组8 | 对照组1 | 实验组9 | 实验组10 |

蛋、糖与粉的比例低于对照组　　　　　　蛋、糖与粉的比例高于对照组

成品差异说明 ▼

	实验组6	实验组7	实验组8	实验组9	实验组10	实验组11
	○			○	○	×
	○	○	○	○	○	×
	×	×	×	○	○	○
		×				×
	口感扎实	化口性差			具有湿润感	口感扎实湿沉

蛋糕支撑度

蛋糕体太过柔软、冷却后收缩幅度较大，导致缩腰、缺乏弹性，容易因外力导致在脱模、装饰、包装……时蛋糕体收缩变形，或蛋糕体经过存放自动收缩。蛋糕出现收缩变形程度大的现象就是因为蛋糕支撑度较差。

如使用中空戚风纸模焙烤蛋糕，经冷却存放后，蛋糕体会自动收缩，使蛋糕周围组织与纸膜分离，同时表面也会出油或越来越湿，随着摆放时间的增加，情况就会越严重。

或是鲜奶油蛋糕——这类蛋糕几乎都是使用戚风蛋糕来夹心装饰——若蛋糕体容易收缩变形，蛋糕表面经装饰摆放水果或有重量的装饰物时，就会因蛋糕体无法承受其重量，使得鲜奶油蛋糕越放越塌。

若是要制作常温保存的戚风蛋糕卷（如常温保存3天以上），更要求蛋糕从出厂后，经物流到末端消费者手上时的状态要与刚制作完成时的尽量接近，若蛋糕体出油或收缩，包装袋会很脏，看起来不新鲜。

蛋糕若要经过较长时间保存，则必须注意蛋糕存放的状态，若是不需长时间存放，反而可以制作柔软度较高，甚至冷却后有些微缩腰的品类，或如舒芙蕾厚松饼、半熟蛋糕……这类冷却后蛋糕状态差异较大的制品，虽然柔软度较高或焙烤后有缩腰的情形，但这反而会成为蛋糕的特色。

影响支撑度的因素：

减粉、增水→蛋糕支撑度差

实验组2、实验组3、实验组4、实验组5、实验组11的粉比例低于对照组1的**15%**，蛋糕支撑度会较差，若再增加液体比例，蛋糕支撑度会更差。

实验组2→粉比例13%的增蛋配方

　　蛋能提供面糊中所需要的水分，也与粉同属韧性材料，配方中降低粉的用量，会让蛋糕支撑度变差，但增加蛋的用量却可以补足减粉的影响。实验组2焙烤出的蛋糕虽然不易缩腰，但很容易因为外力而变形收缩。

实验组3→粉比例13%的增糖配方

　　糖属于柔性材料，具有焙烤膨胀性，若是糖比例过高，面糊持水能力会较高，焙烤膨胀度会较大，且又未减少液体比例或增加韧性材料比例，蛋糕冷却收缩的幅度会较大。实验组3增加糖的同时降低粉的比例，面糊中柔性材料过高，使蛋糕底部出现严重的凹陷，因为底部凹陷，所以没有出现腰缩现象。

　　实验组3的配方，除了略微调高韧性材料比例外，也可以延长焙烤时间，或增加下火焙烤温度，或使用中空戚风模制作，或制作戚风蛋糕卷，都可以有效改善蛋糕凹底的失败情况。

实验组4→粉比例13%的增油配方

　　油属于柔性材料，不具有焙烤膨胀性，所以面糊在焙烤过程中的膨胀度会较低，蛋糕冷却收缩的比例就会较小，缩腰的程度则较不严重，但蛋糕表面容易出油。

实验组5→粉比例13%的增水配方

　　水经过烘烤加热会变成水蒸气，能够撑开蛋糕组织，但水不具有维持蛋糕组织架构的功能。在粉比例偏低又再增加水至液体比例为21%的状况下，蛋糕焙烤后冷却收缩比例会较大，且经过收缩的蛋糕组织较湿沉扎实，无海绵蛋糕的空气感。

实验组11→粉比例7%的减粉配方

　　粉比例下降至7%，配方中韧性材料过低，冷却脱模后，蛋糕会渐渐收缩，蛋糕组织也会较湿沉，无海绵蛋糕的空气感。

焙烤上色度

蛋糕的焙烤上色度，不仅会影响蛋糕表面的焙烤色泽，也会影响焙烤香气、表皮的厚薄度及表皮的干湿程度。

如古早味戚风蛋糕、原味波士顿派或是表皮朝外的戚风蛋糕卷等蛋糕表皮皆为产品的正面，所以蛋糕表皮的品质相对重要；而蛋糕表皮必须具备膨胀感、上色度佳且均匀、具有焙烤香气，并且不宜过度湿黏或有出油现象。

鲜奶油蛋糕或是将表皮卷在蛋糕内层的蛋糕卷的配方比例范围就会较广。

虽然焙烤会影响蛋糕表皮的品质，但配方结构对于蛋糕品质也有相当程度的影响。

对照组1 •••••••••••••••••••••••••••••
蛋糕表面具有良好的上色度、膨胀度及焙烤香气。

影响上色度的因素：

增蛋、增糖、减水、减粉→焙烤上色度较深
减蛋、减糖、增水、增粉→焙烤上色度较浅

实验组2 •••••••••••••••••••••••••••••

实验组7 •••••••••••••••••••••••••••••

实验组2增蛋配方vs实验组7减蛋配方

实验组2单方面的增加蛋比例，蛋糕表皮的品质与对照组1相同，蛋糕的表皮上色度较深且均匀、具有膨胀度及焙烤香气，蛋糕表皮品质较好。

反之，实验组7的减蛋配方，蛋糕表皮的上色度浅、皮薄且蛋糕表面上色面积较小，周围整圈皆无焙烤色泽，表皮品质较差，且蛋糕表面裂口较小，如此由表皮可判断蛋糕缺乏焙烤膨胀度。

因此，若要增加蛋糕表皮的上色度、膨胀度，可增加配方中蛋的比例。

实验组3 •••••••••••••••••••••••••••••••••••••••

实验组8 •••••••••••••••••••••••••••••••••••••••

实验组3增糖配方vs实验组8减糖配方

实验组3增糖配方的蛋糕表皮具有上色度，但着色均匀度稍差，表皮偏湿。因配方中柔性材料的糖比例过高，粉比例又偏低，蛋糕的表皮容易回潮，所以会有偏湿的情况，而糖又可以增加焙烤膨胀性，所以蛋糕表面裂口会较大。

实验组8的蛋糕的表皮上色度较浅、皮薄、蛋糕表面周围上色度更浅，因为是减糖配方，蛋糕的焙烤膨胀度会较小，所以蛋糕表面完全没有因焙烤膨胀所产生的裂纹。

糖可以增加焙烤的着色度，也会增加蛋糕表皮的回潮度。在所有蛋糕配方中，戚风蛋糕液体原料的比例偏高，所以在增加糖比例的同时，韧性材料比例不宜偏低，若韧性材料偏低，存放的时间越久，蛋糕表皮就会越湿黏（如实验组3增糖配方）。

蛋糕组织回潮可让蛋糕口感更为湿润，所以如书中虎皮蛋糕或芋头鲜奶蛋糕食谱，蛋糕的表皮都卷在蛋糕内层，使回潮能够提升蛋糕口感，而高糖比例的戚风蛋糕在保存中会更加稳定。但若是制作波士顿派或是古早味戚风蛋糕，若蛋糕表面回潮，就容易感觉不新鲜，甚至会有黏手的可能，所以必须抑制蛋糕体回潮。

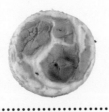

实验组5 •••••••••••••••••••••••••••••••••••••••

实验组10 •••••••••••••••••••••••••••••••••••••••

实验组5增水配方vs实验组10减水配方

实验组5增水配方的表皮上色度偏浅、蛋糕表皮略薄偏湿、表皮周围整圈没上色，因为水会增加焙烤膨胀度，所以蛋糕表面裂口较大，虽然粉比例偏低，蛋糕焙烤上色度应该会较深，但增加液体比例还是会降低焙烤上色度。

实验组10减水配方的表皮及周围上色度较深，表皮偏干，虽然配方中粉比例高于对照组1，焙烤着色度应该会偏浅，但因减少液体比例，蛋糕表面上色度会偏深。

所以，若要提高蛋糕表皮的厚度及焙烤色泽，降低配方中的液体比例是一个方法。水的添加比例低，虽然可烤出具有厚度的蛋糕表皮，但蛋糕表皮会缺乏膨胀度，也会较干。

实验组6 ·························　　　　实验组11 ·····················

实验组6增粉配方vs实验组11减粉配方

实验组6增粉配方的表皮上色度较浅、蛋糕表皮薄、容易产生蛋糕屑，蛋糕表皮品质较差。

实验组11减粉配方的表皮上色度较深、具有膨胀感，因粉比例偏低，蛋糕焙烤膨胀度较大，蛋糕表面裂纹较明显。

从磅蛋糕至戚风蛋糕来看，粉的比例越高，焙烤上色度就会越浅，蛋糕表皮会偏薄且不具有膨胀度，所以若要增加蛋糕表皮膨胀度及焙烤色泽，可以降低粉比例。

 蛋糕口感

影响口感的因素：

蛋→影响蛋糕化口性

十一组配方中实验组7的蛋比例37%的化口性最差，而实验组2的蛋比例53%的化口性最好。

蛋糕配方中需要足够的液体让面粉糊化，增加化口性，若水分不足，韧性材料的粉比例过高，蛋糕的化口性就会偏差。

在戚风蛋糕配方中，面糊中的液体的来源为蛋与包括水在内的液体原料，若配方中蛋和液体的比例过低，蛋糕的化口性就可能会偏差。而蛋和液体的比例偏高，蛋糕的化口性就可能会较好，但不论相加的比例偏高或偏低，其中蛋比例越高，化口性就会越好。

糖、油→增加蛋糕湿润度

增糖或增油都会带给蛋糕湿润口感，在十一组配方中只有单一减少糖或油的比较，并无同时减少糖油比例的配方，所以十一组蛋糕只有过于湿糊的口感，没有明显过干的情况。

糖与油都属于柔性材料，当柔性材料偏高，而配方中的液体比例又过高，或是韧性材料比例过低，就会更加凸显柔性材料的烘焙特质，除了会增加蛋糕湿润口感，可能还会增加蛋糕表皮吸湿度或使蛋糕表皮出油，严重的话会影响到蛋糕的品质。

粉→影响蛋糕软硬口感

戚风蛋糕配方中，蛋和液体的比例较高，所以在十一组配方的比较之中，并不会因为粉比例过高而使蛋糕的化口性变差，反而会因为蛋比例偏低而使蛋糕化口性变差。

适当的粉比例会让蛋糕维持应有的松软口感，粉比例越高，蛋糕的口感会越扎实；反之，粉的比例不足，虽然面糊经焙烤，膨胀度会较大，但冷却后蛋糕收缩比例也会较大，使蛋糕组织无法维持应有的海绵蛋糕的空气口感，反而变得湿沉扎实。

十一组配方中，蛋＋液体比例最高组别 ●●●●●●●●●●●●●●●●●●●●●●●●●●●●●●●●

实验组2增蛋配方
蛋比例53% + 液体比例11% = 64%
蛋比例最高，化口性最好。

实验组5增水配方
蛋比例43% + 液体比例21% = 64%
液体比例较高，口感湿黏。

十一组配方中，糖＋油比例最高组别 ●●●●●●●●●●●●●●●●●●●●●●●●●●●●●●

实验组3增糖配方
糖比例23% + 油比例10% = 33%
蛋糕明显具有湿润口感，因粉比例偏低，表皮也偏湿、蛋糕底部形成大凹底，严重影响蛋糕品质。

实验组4增油配方
糖比例13% + 油比例20% = 33%
蛋糕明显具有湿润口感，有蛋糕的海绵组织口感，因粉比例偏低，蛋糕表皮会出油。

十一组配方中粉比例偏高组别 ●●●●●●●●●●●●●●●●●●●●●●●●●●●●●●●●●●●●

实验组6增粉配方
粉比例23%，为十一组配方中粉比例最高的组别，偏向全蛋打发的海绵蛋糕的扎实口感。

实验组7、实验组8、实验组9、实验组10
粉比例皆为17%，以实验组7减蛋配方的蛋糕化口性最差。

十一组配方中，蛋＋液体比例最低组别 ••••••••••••••••••••••••••••••••••••

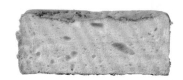

实验组7减蛋配方
蛋比例37% + 液体比例15% = 52%
蛋比例最低，化口性最差。

实验组10增水配方
蛋比例47% + 液体比例5% = 52%
液体比例最低，口感具有湿润度，化口性比实验组7好。

十一组配方中，糖＋油比例最低组别 ••••••••••••••••••••••••••••••••••••

实验组8减糖配方
糖比例7% + 油比例14% = 21%
因为油比例偏高，使蛋糕表皮具有湿润度，同时蛋糕组织湿润，口感也湿润。

实验组9减油配方
糖比例17% + 油比例4% = 21%
因为油比例最低，蛋糕口感清爽、表皮较干爽，同时蛋糕组织也较干爽，但口感具有湿润度。

十一组配方中粉比例最低组别 ••••••••••••••••••••••••••••••••••••

实验组11减粉配方
粉比例7%，为十一组配方中粉比例最低的组别，蛋糕经焙烤冷却后，还具有一定的体积及支撑度，但蛋糕体会渐渐收缩，口感变得湿沉扎实。

蛋 25%

糖 25%

粉 25%

油 25%

Chapter 2　磅蛋糕

磅蛋糕是利用糖油拌和法所制作的蛋糕，配方中蛋的比例较低，糖、油、粉的比例较高，所以蛋糕的组织偏扎实、口感较甜腻。

而在磅蛋糕类的食谱中，将配方中的糖、油、粉的比例降低，并改变制作方法大幅提高蛋的添加比例，能使蛋糕口感从扎实变松软，降低甜腻度，提高湿润度。

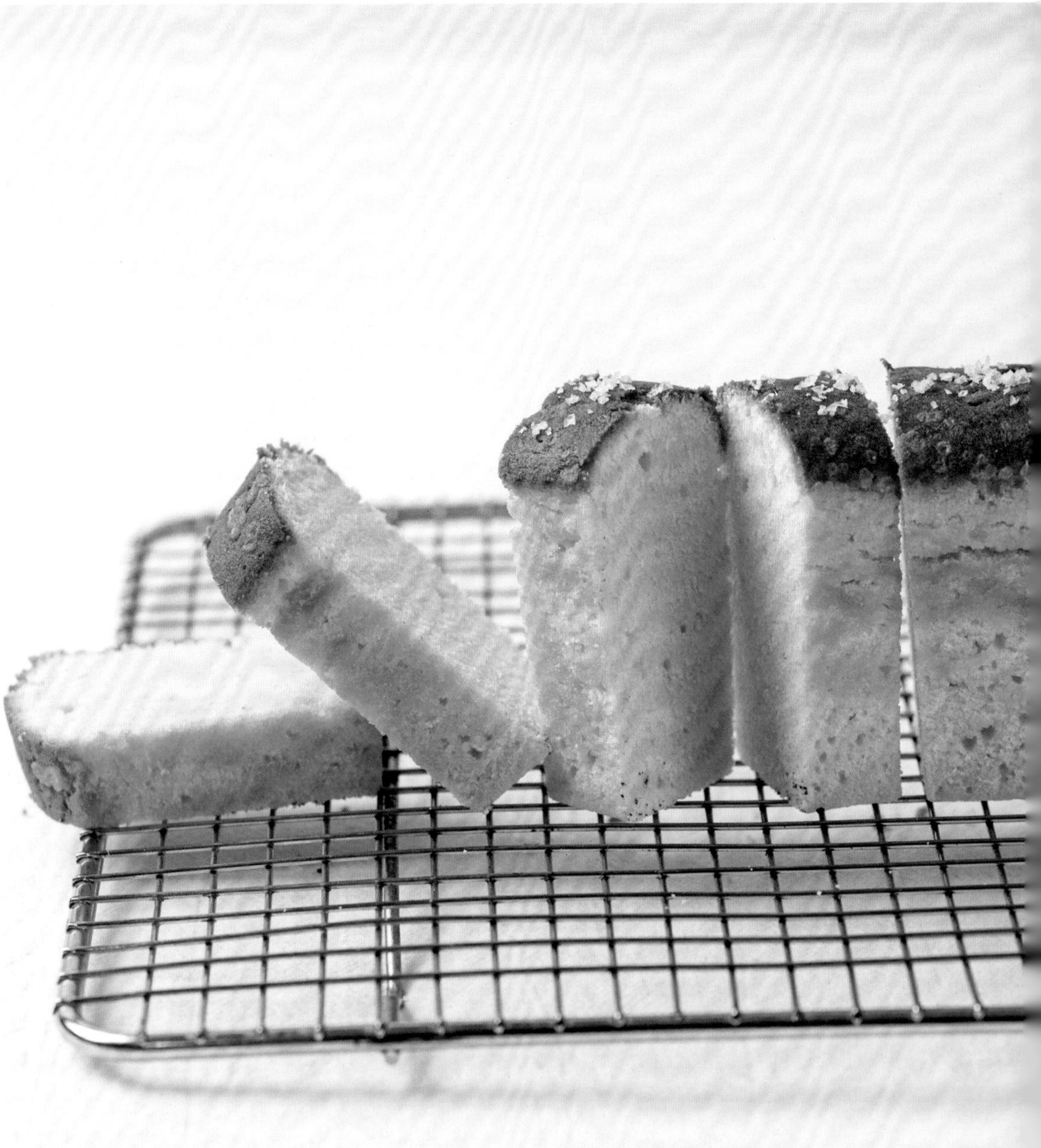

重奶油蛋糕

盐之花磅蛋糕

模具尺寸 >>	面糊质量 >>
长3厘米×宽4厘米×高6.5厘米 铺入白报纸备用	390克

INGREDIENTS /

材料	实际用量（克）	实际百分比（%）
无盐奶油	100	24.5
蜂蜜	8	2.0
糖粉	84	20.6
低筋面粉（A）	54	13.2
全蛋液	112	27.4
低筋面粉（B）	50	12.3
总和	408	100.0

表面装饰 /

盐之花	适量

RECIPE /

❶ 无盐奶油+蜂蜜+过筛糖粉+过筛低筋面粉（A），先以刮刀拌匀，再以打蛋器打至颜色发白。

❷ 全蛋液分3次加入步骤❶中搅打至完全乳化。

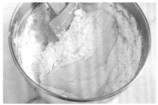

❸ 低筋面粉（B）过筛加入搅拌均匀。

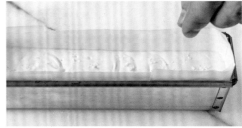

❹ 将面糊均匀挤入模具中→敲平→用汤匙微微将面糊往两边推→表面撒上盐之花。

 上火180℃ ｜ 下火190℃

中下层 ｜ 网架 ｜ 无旋风

约烤 40分钟

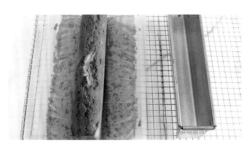

❺ 入炉。

❻ 出炉将热气敲出→脱模移至冷却架→将周围白报纸撕开冷却即可。

面糊入模后，要使左右两边的面糊多一些，烤出的蛋糕左右两侧才不会太低。

磅蛋糕是油、糖、蛋、粉四种原料以同等比例制作出的蛋糕，口感较为扎实，所以制作此类蛋糕，可能会希望糖油比例减少，降低甜腻口感等，通常不会再增加油及糖的用量。

配方中添加少量蜂蜜可增加焙烤色泽及蛋糕香气，也可增加蛋糕湿润度，但增加量不宜过高，蜂蜜比例太高，磅蛋糕中容易出现湿沉的组织。此外，蜂蜜与砂糖的焙烤性状也不同，不能以1:1的比例大量替换。

[减油增蛋影响]

糖油拌和法重要的是蛋加入后的乳化状态，使用天然奶油以基础磅蛋糕的配方制作，乳化能力较低，若再减油加蛋，可能无法将蛋液完全乳化进而导致水油分离现象发生，所以通常在减油增蛋的情况下，使用乳化性较强的人造油脂或添加乳化剂来改善其性状。

在减少油脂的情况下，蛋液也要跟着减少，或是采用全蛋打发及分蛋打发的方式来增加蛋用量及减少油用量，如本书中的马德莲及费南雪或归纳在半重奶油蛋糕中的食谱，与磅蛋糕相比，都是提高蛋量，减少糖、油用量所制作的蛋糕。

[减糖增蛋影响]

减少糖能改善磅蛋糕甜度，是磅蛋糕的调整方向，但减糖增蛋的幅度也不宜过高，若总蛋量超过28%，以糖油拌和法制作，还是会有水油分离的可能。

蛋和糖都是能让蛋糕膨胀的元素，所以减少糖、增加蛋可以维持蛋糕一定的膨松度，但若糖量过低，烤出的蛋糕表面下层可能会有水线或湿沉的组织，像是没烤熟一样，这是减糖可能会造成的结果；能够改善的方向除了提高糖比例外，也可提高温度、缩短焙烤时间，或是让蛋糕体变薄。如此次磅蛋糕使用两种规格的模具制作，有细高模具及扁宽模具，扁宽模具烤出的蛋糕能改善这种情况，但若面糊配方严重失衡，还是要以调整面糊配方为主。

油和糖都有增加口感湿润度的功能，将这两种原料减少，蛋糕的保湿度就会降低，而在降低油和糖的比例让口感变干的情况下再增加粉的用量，就会使蛋糕口感更干，所以就只能增加蛋的用量了。

P58~59 >> 巧克力磅蛋糕

P60～61　>>　番薯磅蛋糕

巧克力磅蛋糕

模具尺寸 >>

长23厘米 × 宽4厘米 × 高6.5厘米
铺入白报纸备用

面糊质量 >>

390克

INGREDIENTS /

材料	实际用量（克）	实际百分比（%）
无盐奶油	100	25.5
蜂蜜	5	1.3
糖粉	80	20.4
低筋面粉（A）	20	5.1
可可粉	20	5.1
全蛋液	112	28.6
低筋面粉（B）	55	14.0
总和	392	100.0

分量内食材 /

71%巧克力豆	30克

RECIPE /

❶ 无盐奶油+蜂蜜+过筛糖粉+过筛低筋面粉（A）+过筛可可粉，以刮刀拌匀，再以打蛋器打至颜色发白。

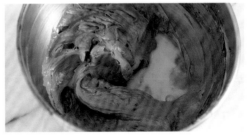

❷ 全蛋液分3次加入搅打至完全乳化。

❸　低筋面粉（B）过筛加入搅拌均匀。

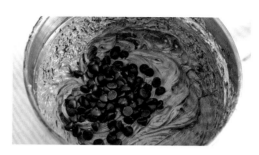

❹　将71% 巧克力豆加入拌匀。

❺　将面糊均匀挤入模具中→敲平→用
汤匙微微将面糊往两边推→入炉。

上火170℃｜下火190℃

中下层｜网架｜无旋风

约烤 35 分钟

❻　出炉将热气敲出→脱模移至冷却架→
将周围白报纸撕开冷却即可。

NOTE ‖

[关于巧克力豆]

可可粉要挑选高脂可可粉，脂肪含量越
低的可可粉，吸水量会越高，面糊会比
较硬，焙烤膨胀度也会变差，也有失败
的可能。

制作巧克力口味的蛋糕除了添加可可粉
之外，也可将巧克力融化与糖油一起搅
拌，增强巧克力的浓郁风味。

可可粉添加量可与低筋面粉等比例替
换，添加融化的巧克力，若蛋糕体太干
则可适量减少低筋面粉用量。

面糊配方所添加的调温巧克力豆、果干
或果粒不会加入配方总量中，因其不会
影响面糊结构；反之若列入配方总量计
算，油、糖、蛋、粉的百分比的数据都
会被拉低，若要以磅蛋糕为基准来检视
此配方的百分比，还是要将它们移除才
能进行配方比较及分析。但若是将巧克
力豆融化加入面糊，则要计入总量。

巧克力豆标示的百分数是指可可膏与可
可脂的相加总值，百分数越高，甜度越
低、苦味越明显。71%巧克力豆甜度
较低且苦味较明显，可以平衡蛋糕体甜
度，所以此配方建议选择70%以上的巧
克力豆。

番薯磅蛋糕

模具尺寸 >>

长23厘米 × 宽4厘米 × 高6.5厘米
铺入白报纸备用

面糊质量 >>

390克

INGREDIENTS /

材料	实际用量（克）	实际百分比（%）	排除番薯泥的 实际百分比（%）
无盐奶油	100	23.5	25.3
蒸番薯泥	30	7.1	0
蜂蜜	10	2.4	2.5
糖粉	80	18.8	20.3
低筋面粉（A）	50	11.8	12.7
全蛋液	100	23.5	25.3
低筋面粉（B）	55	12.9	13.9
总和	**425**	**100.0**	**100.0**

注：分量内食材，55克的蒸番薯丁，切成约1厘米×1厘米的丁状。

RECIPE /

❶ 无盐奶油+蒸番薯泥+蜂蜜+糖粉+低筋面粉（A），以刮刀拌至无干粉状态。

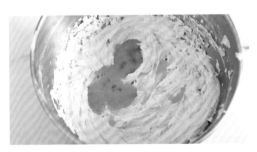

❷ 以打蛋器打至颜色发白，全蛋液分3次加入，搅打至完全乳化。

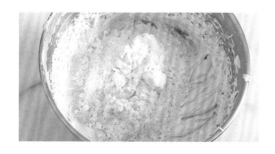

❸ 低筋面粉（B）过筛加入，充分拌匀。

❹ 加入番薯丁，拌匀。

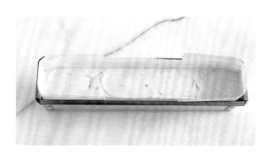

❺ 将面糊均匀挤入模具中→敲平→用汤匙微微将面糊往两边推→入炉。

上火170℃ | 下火190℃
中下层 | 网架 | 无旋风
约烤 43 分钟

❻ 出炉将热气敲出→脱模移至冷却架→将周围的白报纸撕开冷却即可。

NOTE ‖

\# 番薯磅蛋糕的配方除了四种基础原料——油、糖、蛋、粉外，还添加了新鲜番薯泥，若要检视配方添加的副原料与基础原料的对应关系，就要将副原料从实际百分比中移除，以番薯磅蛋糕为例：移除番薯泥后的油、蛋、粉实际百分比为25%～26%，在磅蛋糕标准范围内，由此可知番薯泥的添加无需调整油、蛋、粉的比例。排除番薯泥的实际百分比的配方中，蜂蜜与糖粉相加的比例为22.8%，也符合减糖的磅蛋糕配方，所以番薯泥可直接加入配方中，并不需要调整配方，可添加比例约为总配方的7%。

\# 番薯可在超市购买，在挑选时不要挑太软的，太软的番薯拌入面糊中会散掉。蒸番薯可以先切丁使用，剩下来的边角料以细目筛网过筛成泥状，口感较细致。

\# 番薯丁含有水分，蛋糕经过一段时间的保存后，蛋糕体会更加湿润。

P64 ~ 65 >> 香蕉磅蛋糕

P66 ~ 67　>>　香蕉蛋糕

香蕉磅蛋糕

模具尺寸 >>

长23厘米 × 宽4厘米 × 高6.5厘米
铺入白报纸备用

面糊质量 >>

390克

INGREDIENTS /

材料	实际用量（克）	实际百分比（%）
无盐奶油	70	17.1
新鲜香蕉	50	12.2
蜂蜜	10	2.4
糖粉	80	19.5
低筋面粉（A）	60	14.6
全蛋液	90	22.0
低筋面粉（B）	50	12.2
总和	**410**	**100.0**

分量内食材/

烤熟核桃	40克

NOTE ‖

\# 香蕉要挑选完全熟透、吃起来香蕉气味浓郁、甜味明显、质地软的，这样除了容易搅拌均匀之外，蛋糕的香蕉味也会较明显。

\# 加入面糊中拌匀的核桃都必须烤熟，焙烤不足会有核桃的生臭味，焙烤过头则会有油耗味，建议用150℃以下慢火烘烤。

\# 添加新鲜香蕉泥可减少配方的油用量，而香蕉也含有水分与甜味，添加比例较高时，可适度减少蛋量和糖量。

RECIPE /

❶　无盐奶油+新鲜香蕉+蜂蜜，以刮刀拌匀。

❷　糖粉+低筋面粉（A）过筛加入，以刮刀拌匀。

❸　以打蛋器打至颜色发白。

❹　全蛋液分3次加入，搅打至完全乳化。

❺　加入过筛低筋面粉（B），搅拌均匀。

❻　烤熟核桃加入面糊中拌匀。

❼　将面糊均匀挤入模具中→敲平→用汤匙微微将面糊往两边推→入炉。

上火170℃｜下火190℃

中层｜网架｜无旋风

约烤 43 分钟

❽　出炉将热气敲出→脱模移至冷却架→将周围的白报纸撕开冷却即可。

香蕉蛋糕

模具尺寸 >>

长10厘米 × 宽5厘米 × 高4厘米
铺入白报纸备用

面糊质量 >>

100克／个

INGREDIENTS /

材料	实际用量（克）	实际百分比（%）
新鲜香蕉	145	27.2
细砂糖	108	20.3
全蛋液	72	13.5
低筋面粉	136	25.5
小苏打	2	0.4
鲜奶	40	7.5
色拉油	30	5.6
总和	533	100.0

分量内食材 /

烤熟核桃	30克

RECIPE /

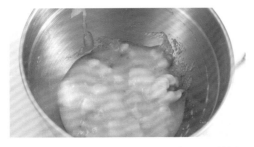

❶ 新鲜香蕉+细砂糖先压碎，再搅打成泥。

❷ 以打蛋器充分打至颜色发白、均匀。

❸　全蛋液分2次加入，充分搅拌。

❹　低筋面粉+小苏打过筛，加入，拌匀。

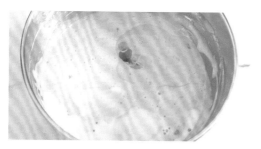

❺　加入鲜奶和色拉油，拌匀。

❻　加入烤熟核桃，拌匀。

❼　将面糊装入模具中，面糊挤约8分
　　满（此配方可制作5条）→入炉。

上火210℃ | 下火180℃

中下层 | 网架 | 无旋风

约烤 30 分钟

❽　出炉将热气敲出冷却即可。

NOTE ‖

\# 使用香蕉制作蛋糕，可以赋予蛋糕湿
　润度、香气以及甜味，配方中加入香
　蕉后可以适度减少油用量，若添加的
　比例较高时，可能还需减少配方中的
　糖量和液体量。

\# 若以磅蛋糕配方来比较，此配方中以
　大量香蕉取代奶油，因为香蕉添加比
　例较高，所以配方中的糖及液体都要
　减少，低筋面粉的比例则不需要变动。

P70～71 >> 焙茶黑枣磅蛋糕

P72 ~ 73　>>　蓝莓乳酪磅蛋糕

焙茶黑枣磅蛋糕

模具尺寸 >>

长25厘米×宽5.7厘米×高4厘米
铺入白报纸备用

面糊质量 >>

350克

INGREDIENTS /

材料	实际用量（克）	实际百分比（%）
无盐奶油	103	25.7
蜂蜜	5	1.2
糖粉	80	20.0
低筋面粉（A）	40	10.0
全蛋液	115	28.7
焙茶粉	8	2.0
低筋面粉（B）	50	12.5
总和	**401**	**100.0**

分量内食材/

黑枣干	40克

注：将每个黑枣干都切为
4小块备用。

RECIPE /

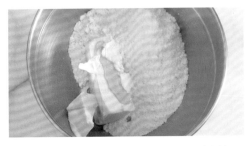

❶ 无盐奶油+蜂蜜+过筛糖粉+低筋面
粉（A）。

❷ 以刮刀拌匀。

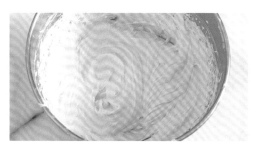

❸ 以打蛋器打发至颜色发白，全蛋液分3次加入，打发至完全乳化。

❹ 焙茶粉过筛加入，搅打均匀。

❺ 低筋面粉（B）过筛加入，充分搅拌均匀。

❻ 加入黑枣干，拌匀。

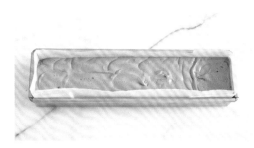

❼ 将面糊挤入模具中→敲平→入炉。

上火170℃ | 下火190℃

中层 | 网架 | 无旋风

约烤 35 分钟

❽ 出炉将热气敲出→脱模→将周围的白报纸撕开冷却。

NOTE ‖

\# 也可加入少量朗姆酒浸泡黑枣干，沥干后将液体擦干则可拌入面糊，这样除了可降低黑枣干的甜度外，也可增加蛋糕风味。

蓝莓乳酪磅蛋糕

模具尺寸 >>

长25厘米 × 宽5.7厘米 × 高4厘米
铺入白报纸备用

面糊质量 >>

350克

INGREDIENTS /

材料	实际用量（克）	实际百分比（%）
无盐奶油	60	14.1
奶油乳酪	60	14.1
细砂糖（A）	20	4.7
全蛋液	105	24.7
蜂蜜	10	2.4
细砂糖（B）	70	16.5
低筋面粉	100	23.5
总和	**425**	**100.0**

注：奶油乳酪置于室温完全化冻备用。

分量内食材 /

新鲜蓝莓	适量

NOTE ‖

\# 在磅蛋糕配方中添加大量的奶油乳酪取代部分奶油时，若使用糖油拌和法来制作，蛋糕的膨松度会较差，也会有粉粉的口感，以蛋糕品质来评断，是需要调整配方的。

\# 而在不调整配方的情况下，利用全蛋打发方式制作，能有效改善蛋糕体的膨松度、表面着色度、蛋糕焙烤香气及化口性。

\# 奶油乳酪使用前要放置于室温化冻至完全软化，先拌匀后再进行搅拌及隔水加热，若质地尚硬就进行混合，容易出现结粒，一旦出现结粒情况则无法再搅拌出质地均匀的状态。

RECIPE /

❶ 无盐奶油+奶油乳酪+细砂糖
（A），搅拌均匀，隔水加热
备用（与打发蛋糊混合搅拌
的温度保持在40℃左右）。

❷ 全蛋液+蜂蜜+细砂糖（B），
拌匀，隔水加热至42℃，以
打蛋器打发至面糊滴落时的
纹路不易消失。

❸ 低筋面粉过筛加入，拌匀。

❹ 将保温的奶油加入，拌匀。

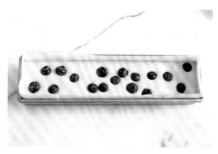

❺ 将面糊挤入模具中→敲平→
摆放上新鲜蓝莓→入炉。

上火190℃ ｜ 下火200℃

中层 ｜ 带铁盘预热 ｜ 无旋风

约烤 40 分钟

❻ 出炉将热气敲出→脱模移至冷却
架→将周围的白报纸撕开冷却即可。

P76～77 >> 柠檬磅蛋糕

P78 ~ 79   >>   枫糖咖啡玛德莲

柠檬磅蛋糕

模具尺寸 >>

长25厘米 x 宽5.7厘米 x 高4厘米
铺入白报纸备用

面糊质量 >>

350克

INGREDIENTS /

材料	实际用量（克）	实际百分比（%）
全蛋液	95	24.2
蜂蜜	9	2.3
细砂糖	81	20.7
低筋面粉	90	23
无盐奶油	90	23
柠檬汁	27	6.9
总和	392	100.0

RECIPE /

❶ 全蛋液+蜂蜜+细砂糖。

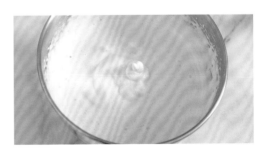

❷ 搅拌均匀，隔水加热至42℃，以打蛋器打发至面糊滴落时的纹路不易消失。

❸ 低筋面粉过筛加入，拌匀。

❹ 无盐奶油煮至微滚融化，立刻加入搅拌均匀。

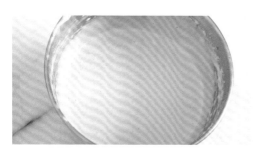

❺ 加入柠檬汁，搅拌均匀。

❻ 将面糊挤入模型中→敲平→入炉。

上火190℃ | 下火200℃

中层 | 网架 | 无旋风

约烤 36 分钟

❼ 出炉将热气敲出→脱模置于冷却架上→将周围的白报纸撕开冷却即可。

 **NOTE** ‖

\# 加入柠檬汁的面糊上色度会较差，虽然焙烤温度与蓝莓乳酪磅蛋糕相同，但柠檬磅蛋糕搭配网架入炉，对比蓝莓乳酪磅蛋糕搭配铁盘入炉，网架的火力会更强，也会增加蛋糕表面上色度（可参阅**P10**"烤箱与焙烤方式的影响"）。

\# 在蛋糕面糊配方中添加柠檬汁，会降低蛋糕膨胀度，而磅蛋糕组织较扎实，若再添加柠檬汁会更加扎实，所以使用全蛋打发的方式来增加膨松度。

\# 添加柠檬汁的磅蛋糕组织容易有水线或会出现较湿沉的蛋糕组织，要注意面糊搅拌完成的温度不要低于**40℃**，烤出的蛋糕组织才会比较均匀。

枫糖咖啡玛德莲

模具尺寸 >>	面糊质量 >>
小玛德莲模型备用	15克／个

INGREDIENTS /

材料	实际用量（克）	实际百分比（%）
全蛋液	62	31.0
二砂糖	38	19.0
枫糖浆	10	5.0
（烘焙用）即溶咖啡粉	4	2.0
低筋面粉	50	25.0
无盐奶油	36	18.0
总和	200	100.0

RECIPE /

❶ 全蛋液+二砂糖+枫糖浆，以打蛋器打发。

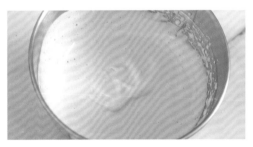

❷ 打发至面糊滴落时的纹路不易消失的程度。

❸　加入即溶咖啡粉，慢速搅打至即溶咖啡粉溶解。

❹　低筋面粉过筛加入，拌匀。

❺　无盐奶油煮滚融化后，加入拌匀。

❻　将面糊密封，放入冰箱冷藏备用（面糊直接焙烤也可以）。

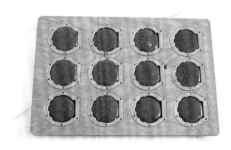

❼　将面糊挤入小玛德莲模型中，填满→入炉。

上火210℃ | 下火200℃
中层 | 带铁盘预热 | 无旋风
约烤 13 分钟

❽　出炉脱模冷却即可。

NOTE ‖

\# 若是使用不易粘材质的模具，不抹油也能顺利脱模，就不要抹油。模具冷却后，只需用纸巾或布巾擦拭干净，再抹上薄薄一层油存放，尽量避免清洗，以使模具更耐用。

\# 二砂糖和细砂糖可以等比例替换，二者除了风味不同外，二砂糖的含水量较高，以等比例替换时，二砂糖的含糖量会比较低。若以低温烘焙将二砂糖所含水分烘烤蒸发，其成分会与细砂糖更为接近。

P82 ~ 83 >> 蜂蜜玛德莲

P84 ~ 85 　>> 　巧克力玛德莲

蜂蜜玛德莲

模具尺寸 >>	面糊质量 >>
小玛德莲模型备用	15克/个

INGREDIENTS /

材料	实际用量（克）	实际百分比（%）
全蛋液	66	33.0
细砂糖	38	19.0
蜂蜜	10	5.0
低筋面粉	54	27.0
无盐奶油	32	16.0
总和	200	100.0

 **NOTE** ‖

本书中所制作的玛德莲是以磅蛋糕的基本配方调整而成，通常这类蛋糕的糖油成分偏高，口感相对扎实。而本书的玛德莲配方降低油量至**16%**，增加蛋量至**33%**，使得蛋糕口感更为清爽。

此配方若使用糖油拌和法制作，一定会水油分离，所以使用全蛋打发的方式，不但能顺利解决面糊水油分离的问题，也可让蛋糕体更膨松，但这类配方适合即烤即食。

若是要运用在礼盒中，保存期及保湿度都需要维持久一点，可能还是选择糖油比例较高的配方更适合。

RECIPE /

❶ 全蛋液+蜂蜜+细砂糖。

❷ 以打蛋器打发至面糊滴落时的纹路不易消失的程度。

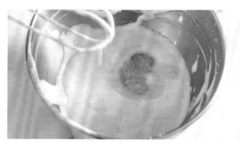

❸ 低筋面粉过筛加入，搅拌均匀，加入煮滚的无盐奶油。

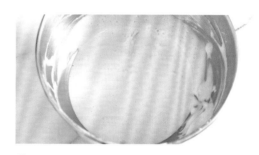

❹ 拌匀成面糊。

❺ 面糊密封，放入冰箱冷藏备用（不冷藏直接焙烤也可）。

❻ 将面糊挤入小玛德莲模型中，填满→入炉。

上火210℃ | 下火200℃

中层 | 带铁盘预热 | 无旋风

烤 12~13 分钟

❼ 出炉脱模冷却即可。

巧克力玛德莲

模具尺寸 >>	面糊质量 >>
香蕉形不粘模备用	19克 / 个

INGREDIENTS /

材料	实际用量（克）	实际百分比（%）
全蛋液	68	33.2
二砂糖	38	18.5
蜂蜜	10	4.9
可可粉	10	4.9
低筋面粉	38	18.5
无盐奶油	36	17.6
咖啡利口酒	5	2.4
总和	205	100.0

 **NOTE** ‖

\# 配方中奶油量较少，若无小煮锅加热，使用微波炉加热也可。

\# 可可粉是消泡性食材，添加进打发的蛋糕中，会明显加快消泡速度。全蛋打发的糖比例越高，消泡会较慢。若是制作的蛋糕糖比例较低，面糊很容易消泡，则无法成功烤出海绵蛋糕。

RECIPE /

❶ 全蛋液+二砂糖+蜂蜜。

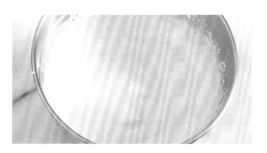

❷ 以打蛋器打发至面糊滴落时的纹路不易消失的程度。

❸ 低筋面粉+可可粉过筛加入，搅拌均匀。

❹ 无盐奶油煮滚，加入拌匀。

❺ 加入咖啡利口酒，搅拌均匀。

❻ 将面糊密封，冷藏备用（面糊直接焙烤也可）。

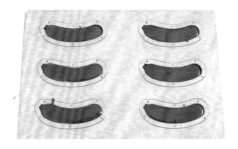

❼ 将面糊挤入香蕉形不粘模中，填满→入炉。

上火210℃ ┃ 下火200℃

中层 ┃ 带铁盘预热 ┃ 无旋风

烤 11~12 分钟

❽ 出炉脱模冷却即可。

P88～89 >> 抹茶玛德莲

P90~91 >> 蜜香红茶费南雪

抹茶玛德莲

模具尺寸 >>
小玛德莲模型备用

面糊质量 >>
15克／个

INGREDIENTS /

材料	实际用量（克）	实际百分比（%）
全蛋液	66	33.0
细砂糖	36	18.0
蜂蜜	10	5.0
抹茶粉	5	2.5
低筋面粉	48	24.0
无盐奶油	35	17.5
总和	200	100.0

RECIPE /

❶ 全蛋液+细砂糖+蜂蜜，以打蛋器打发至面糊滴落时的纹路不易消失的程度。

❷ 低筋面粉+抹茶粉过筛加入，搅拌均匀。

❸ 无盐奶油煮滚，加入拌匀。

❹ 将面糊密封，冷藏备用（面糊直接焙烤也可）。

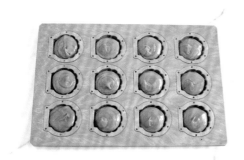

❺ 将面糊挤入小玛德莲模型中，填满→入炉。

上火210℃ | 下火200℃
中层 | 带铁盘预热 | 无旋风
烤约 13 分钟

❻ 出炉脱模冷却即可。

NOTE ‖

＃ 全蛋液的温度应为室温，无盐奶油应煮滚后再加入，面糊的温度若过低，加入奶油后奶油容易沉底且不易拌均匀，若室温过低制作，建议将步骤❶中的材料隔水加热至**40℃**。

费南雪

蜜香红茶费南雪

模具尺寸 >>	面糊质量 >>
小费南雪模备用	12克／个

INGREDIENTS /

材料	实际用量（克）	实际百分比（%）
全蛋液	70	34.7
二砂糖	38	18.8
蜂蜜	10	5.0
蜜香红茶粉	4	2.0
低筋面粉	46	22.8
无盐奶油	34	16.8
总和	202	100.0

RECIPE /

❶ 全蛋液+二砂糖+蜂蜜。

❷ 以打蛋器打发至面糊滴落时的纹路
不易消失。

❸ 低筋面粉+蜜香红茶粉过筛加入，
拌匀。

❹ 无盐奶油煮滚，加入拌匀。

❺ 面糊密封，冷藏备用（不冷藏直接
焙烤也可）。

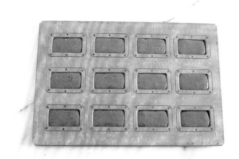

❻ 将面糊挤入小费南雪模中，填满烤
模→入炉。

上火210℃ | 下火200℃

中层 | 带铁盘预热 | 无旋风

烤 11~12 分钟

❼ 出炉脱模冷却即可。

NOTE ||

\# 传统费南雪使用的是蛋白，并且将奶油煮至焦化，使焙烤后的蛋糕具有焦香味，并且添
加杏仁粉增加风味。但此配方以磅蛋糕的基础配方做出调整，增蛋、减油并利用小费南
雪模焙烤，使其口感较清爽，与传统费南雪有些许不同，也可在此配方中添加少量杏仁
粉取代低筋面粉，增加蛋糕香气。

P94 ~ 95 >> 橘子费南雪

P96 ~ 97　>>　蜂蜜柠檬蛋糕

橘子费南雪

模具尺寸 >>	面糊质量 >>
小费南雪模备用	12克 / 个

INGREDIENTS /

材料	实际用量（克）	实际百分比（%）
全蛋液	68	29.6
细砂糖	36	15.7
蜂蜜	10	4.3
低筋面粉	52	22.6
无盐奶油	34	14.8
糖渍橘子皮酱	30	13.0
总和	230	100.0

RECIPE /

❶ 全蛋液+细砂糖+蜂蜜，以打蛋器打发至面糊滴落时的纹路不易消失的程度。

❷ 低筋面粉过筛加入，拌匀。

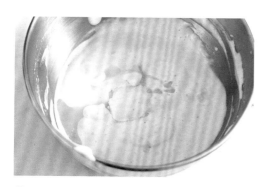

❸　无盐奶油煮滚，加入拌匀。

❹　加入糖渍橘子皮酱，搅拌均匀。

❺　面糊密封，冷藏备用。

❻　将面糊挤入小费南雪模中，填满烤
模→入炉。

上火210℃ | 下火200℃

中层 | 带铁盘预热 | 无旋风

烤 11~12 分钟

❼　出炉脱模冷却即可。

NOTE ‖

\# 若焙烤不足，蛋糕在包装袋内就容易粘黏包装袋。

\# 蛋糕脱模后，可将蛋糕翻面，让烤面朝上冷却，若将烤面朝下冷却，就很容易粘黏在冷却架或白报纸上面。

\# 糖渍橘子皮酱不是一般超市卖的橘子果酱，是带有湿度的糖渍橘子皮（如步骤❹图示），可至烘焙材料专卖店购买。

半重奶油蛋糕

蜂蜜柠檬蛋糕

模具尺寸 >>

长18厘米×宽18厘米×高5厘米的慕斯框，放在烤盘上
铺白报纸备用

面糊质量 >>

620克

INGREDIENTS /

材料	实际用量（克）	实际百分比（%）
蛋白	115	17.9
细砂糖（A）	60	9.3
塔塔粉	1	0.2
无盐奶油	107	16.7
蛋黄	67	10.4
细砂糖（B）	17	2.6
蜂蜜	20	3.1
盐	1	0.2
糖渍柠檬皮	107	16.7
柠檬汁	40	6.2
低筋面粉	107	16.7
总和	**642**	**100.0**

 **NOTE** ‖

\# 低筋面粉若直接加入面糊拌匀并保温，随着保温时间越久，面糊就会越干、越稠，烤出的蛋糕组织就会比较扎实，若在与蛋白霜混合前加入低筋面粉搅拌，蛋糕的组织会较膨松，蛋白霜也较容易与蛋黄糊结合。

RECIPE /

❶ 无盐奶油隔水加热至融化，加入蛋黄中，以打蛋器搅拌至乳化均匀。

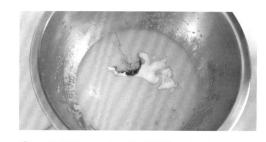

❷ 细砂糖（B）+盐+蜂蜜，加入拌匀。

❸ 糖渍柠檬皮+柠檬汁，加入拌匀（隔水保温于40℃）。

❹ 低筋面粉过筛加入，拌匀成蛋黄糊（在步骤❺的蛋白霜打发完成后再加入）。

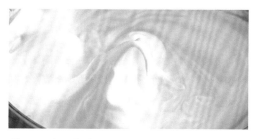

❺ 蛋白+塔塔粉，以打蛋器打至约5分发，分2次加入细砂糖（A），打至半干性发泡，完成蛋白霜。

❻ 蛋白霜分3次加入蛋黄糊中，拌匀。

❼ 慕斯框垫烤盘→倒入面糊→抹平→敲泡→烤盘连同慕斯框一起入炉。

上火190℃ I 下火170℃

中下层 I 铁盘 I 预热无旋风

约烤 30 分钟

❽ 出炉将热气敲出→取下模框放置在冷却架上→撕开周围的白报纸冷却→以锯齿刀分切即可。

柳橙蛋糕

模具尺寸 >>

长18厘米×宽18厘米×高5厘米的
慕斯框
放在烤盘上铺白报纸备用

面糊质量 >>

620克

INGREDIENTS /

材料	实际用量（克）	实际百分比（%）
蛋白	104	16.2
细砂糖（A）	59	9.2
塔塔粉	1	0.2
无盐奶油	107	16.7
蛋黄	78	12.1
细砂糖（B）	38	5.9
盐	1	0.2
糖渍柳橙皮酱	107	16.7
新鲜柳橙汁	20	3.1
柳橙果酱	20	3.1
低筋面粉	107	16.7
总和	642	100.0

 **NOTE** ‖

\# 柳橙果酱可选择只有柳橙和砂糖两种成分所制作的果酱，果酱中含有些许果皮，
柳橙风味会较浓郁，可至烘焙材料专卖店购买。

\# 使用时从糖渍柳橙皮酱中取出带有湿度的糖渍柳橙皮（如步骤❺图示）。

❶ 将慕斯框放在烤盘上，铺入白报纸备用。

❷ 无盐奶油隔水加热至融化。

❸ 将融化的无盐奶油加入蛋黄中，以打蛋器搅拌至乳化均匀。

❹ 细砂糖（B）+盐，加入拌匀。

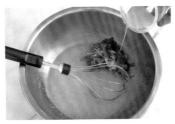

❺ 柳橙皮酱+新鲜柳橙汁+柳橙果酱，拌匀（隔水保温于40℃）。

❻ 低筋面粉过筛加入，拌匀成蛋黄糊（在步骤❼的蛋白霜打发完成后再加入）。

❼ 蛋白+塔塔粉，以打蛋器打至约5分发，分2次加入细砂糖（A），打至半干性发泡，完成蛋白霜。

❽ 蛋白霜分3次加入蛋黄糊中，拌匀。

❾ 搅拌均匀。

❿ 倒入框模中→抹平→敲泡→烤盘连同慕斯框一起入炉。

32升

上火180℃ | 下火160℃

中下层 | 网架 | 无旋风

约烤 28分钟

⓫ 出炉取下模框→移至冷却架→撕开周围的白报纸冷却→再以锯齿刀分切即可。

香草千层蛋糕

模具尺寸 >>

长18厘米 × 宽18厘米 × 高5厘米的
慕斯框
放在烤盘上铺烘焙纸备用

面糊质量 >>

810克

INGREDIENTS /

材料	实际用量（克）	实际百分比（%）
无盐奶油	120	14.4
杏仁粉	36	4.3
玉米粉	20	2.4
蛋黄	112	13.4
动物性鲜奶油	32	3.8
低筋面粉	100	12.0
蛋白	224	26.8
细砂糖	192	23.0
总和	836	100.0

分量内食材/

香草荚	1/4条

注：将香草荚剖开取籽，
刮出香草籽（也可将其浸
入动物性鲜奶油中）备用。

RECIPE /

❶ 先将软化的无盐奶油
搅拌均匀，加入杏仁
粉+玉米粉。

❷ 以打蛋器打发至奶油颜
色发白。

❸ 蛋黄+动物性鲜奶油，
混合均匀，分3次加入
奶油中打发。

④ 打至完全乳化均匀，加入香草籽拌匀，完成蛋黄糊。

⑤ 蛋白以打蛋器打发至5分发，细砂糖分3次加入打发至湿性发泡，完成蛋白霜。

⑥ 取一半蛋白霜，加入蛋黄糊中，搅拌均匀。

⑦ 低筋面粉过筛加入，拌匀。

⑧ 再将剩余蛋白霜加入，搅拌均匀。

⑨ 取大约90克面糊放入框模→抹平→敲泡→烤盘连同慕斯框一起入炉。

上火250℃ | 下火0℃

中下层 | 无旋风

烤 6~7 分钟

⑩ 出炉后再加入约90克面糊。

⑪ 抹平→敲泡→入炉→再焙烤6～7分钟。

⑫ 重复步骤⑩、步骤⑪，直到满模为止。

⑬ 出炉脱模→撕除周围烘焙纸冷却后切边修饰即可。

 NOTE ‖

此配方约烤9层，焙烤总时间超过1小时，也就是说后段入炉的面糊会放置1小时，因此必须控制面糊消泡速度，避免面糊水化烤不出蛋糕的口感。乳化剂可有效降低消泡速度，在不添加乳化剂时，可增加糖的比例来稳定面糊的消泡程度。每层加入的面糊越多，越不易上色，面糊越薄越容易上色，所以焙烤5分钟后，就要注意其上色程度。

抹茶千层蛋糕

模具尺寸 >>

长18厘米×宽18厘米×高5厘米的
慕斯框
放在烤盘上铺烘焙纸备用

面糊质量 >>

810克

INGREDIENTS /

材料	实际用量（克）	实际百分比（%）
无盐奶油	120	14.2
杏仁粉	36	4.3
玉米粉	20	2.4
抹茶粉	16	1.9
蛋黄	112	13.3
动物性鲜奶油	32	3.8
低筋面粉	92	10.9
蛋白	224	26.5
细砂糖	192	22.7
总和	**844**	**100.0**

 **NOTE** ‖

打发蛋白时添加塔塔粉的确会让蛋白霜状态更稳定，而蛋白霜中的糖也有稳定蛋白霜的功能，细砂糖的比例越高，蛋白霜稳定性越高。
蛋白：细砂糖＝2：1时，需添加塔塔粉增加稳定性。
蛋白：细砂糖＝2：（1.5~2）时，可不用添加塔塔粉。

面糊要加入烤模前，可轻轻将面糊搅拌均匀再放入烤模。

面糊薄的部分上色快、厚的部分上色慢，为了要让成品着色均匀，每一层面糊抹平后的厚薄度都要均匀，避免上色度不一。

若无42升烤箱，可使用32升烤箱，放置在最上层，以上火230℃ / 下火0℃烤约8分钟。

❶ 软化的无盐奶油先搅拌均匀。

❷ 玉米粉和抹茶粉先混合过筛+杏仁粉，充分混合均匀，加入无盐奶油中。

❸ 以打蛋器打发至奶油颜色发白。

❹ 蛋黄+动物性鲜奶油，混合均匀，分3次加入。

❺ 打发至完全乳化均匀，完成蛋黄糊。

❻ 蛋白以打蛋器打发至约5分发，细砂糖分3次加入打发至湿性发泡，完成蛋白霜。

❼ 取一半蛋白霜加入蛋黄糊中，拌匀→加入过筛低筋面粉拌匀→再将剩余蛋白霜加入拌匀。

❽ 慕斯框下垫烤盘→倒入约90克面糊→抹平→敲泡→烤盘连同慕斯框一起入炉。

42升

上火250℃ ┃ 下火0℃

中下层 ┃ 无旋风

烤 6~7 分钟

❾ 出炉后再加入约90克面糊。

❿ 抹平→敲泡→入炉→再焙烤6~7分钟，重复步骤❽、步骤❾，直到满模为止。

⓫ 出炉脱模→撕除周围烘焙纸。

⓬ 冷却即可。

22%巧克力布朗尼

模具尺寸 >>

长16厘米 × 宽16厘米 × 高7厘米的
固定模
铺入烘焙纸备用

面糊质量 >>

600克

INGREDIENTS /

材料	实际用量（克）	实际百分比（%）
蛋白	80	12.9
细砂糖（A）	80	12.9
蛋黄	40	6.5
细砂糖（B）	25	4.0
无盐奶油	115	18.5
透明麦芽糖	20	3.2
71%黑巧克力	150	24.2
可可粉	25	4.0
低筋面粉	85	13.7
总和	620	100.0

分量内食材 /

烤熟核桃	60克

RECIPE /

❶ 蛋黄+细砂糖（B），搅拌至砂糖化开备用。

❷ 无盐奶油+透明麦芽糖，隔水加热至溶化。

③ 加入71%黑巧克力拌至
溶化。

④ 加入蛋黄糖液。

⑤ 拌至乳化均匀（拌好后
隔水保温在40℃），完成
巧克力蛋黄糊。

⑥ 蛋白以打蛋器打发至约5
分发，将细砂糖（A）分
3次加入打发至接近干性
发泡，完成蛋白霜。

⑦ 将蛋白霜分2次加入巧
克力蛋黄糊中。

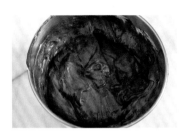

⑧ 搅拌均匀。

⑨ 可可粉+低筋面粉过筛
加入，拌匀。

⑩ 加入烤熟核桃，拌匀。

⑪ 倒入固定模→抹平→
入炉。

32升

上火180℃ |
下火180℃
中层 | 网架 | 开旋风
约烤 30 分钟

⑫ 出炉将热气敲出→脱
模→放在冷却架上冷
却→分切即可。

NOTE ||

\# 面粉加入后，搅拌至看不到
干粉状物体就不要继续搅拌
了，过度搅拌会使面糊变
稠，甚至会导致水油分离。

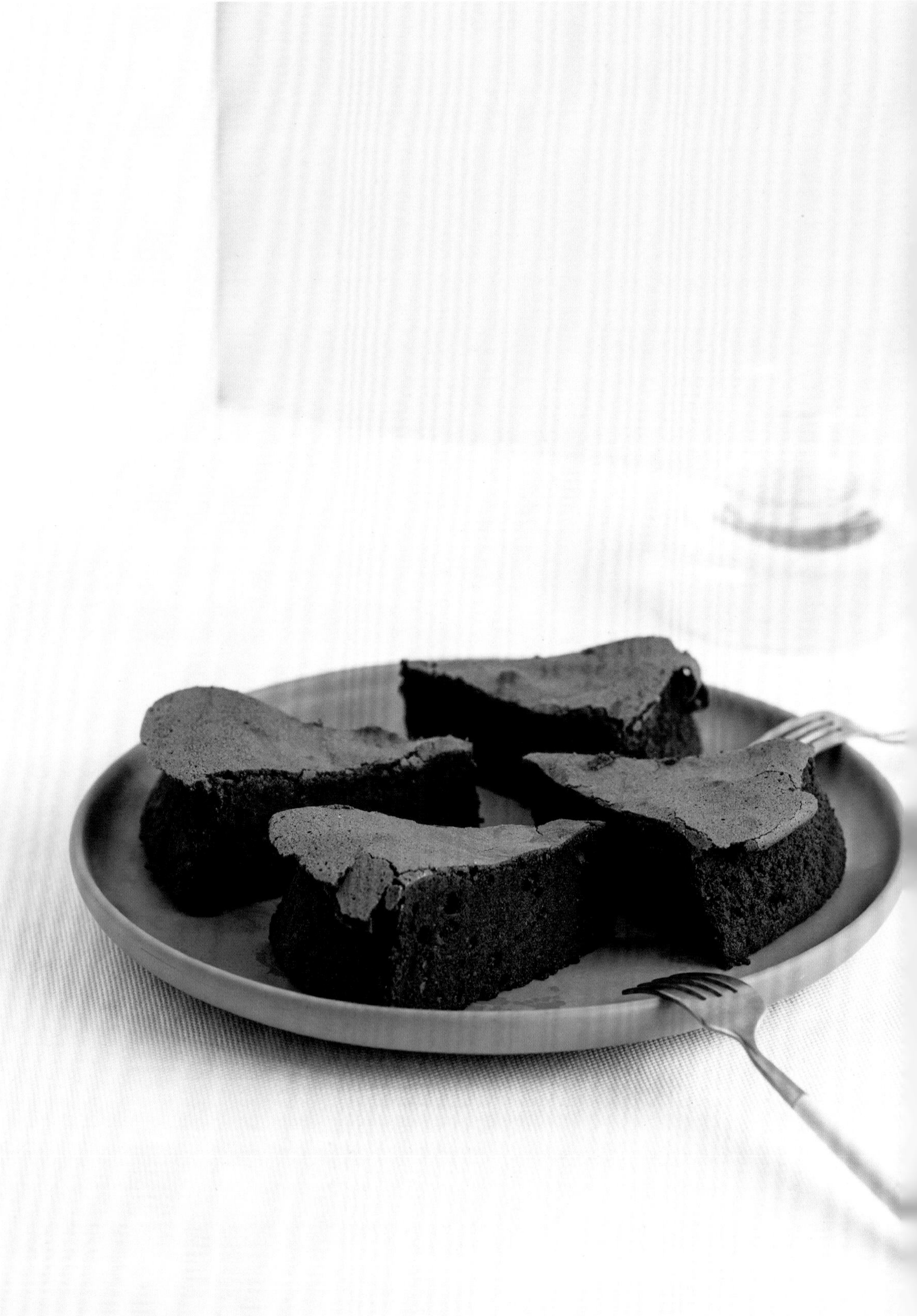

15%巧克力沙哈蛋糕

模具尺寸 >> | **面糊质量** >>
8寸圆形固定模 | 600克
垫底纸与围边纸备用 |

INGREDIENTS /

材料	实际用量（克）	实际百分比（%）
蛋白	126	20.1
细砂糖（A）	72	11.5
塔塔粉	1	0.2
无盐奶油	48	7.7
动物鲜奶油	71	11.3
苦甜巧克力	97	15.5
可可粉	32	5.1
细砂糖（B）	50	8.0
蛋黄	73	11.6
低筋面粉	57	9.1
总和	**627**	**100.0**

RECIPE /

❶ 无盐奶油+动物鲜奶油+苦甜巧克力。

❷ 隔水加热至溶化。

❸ 可可粉+细砂糖（B）混合均匀，加入巧克力奶油中拌至砂糖溶化。

❹ 加入蛋黄。

❺ 搅拌均匀至乳化（隔水加热保温在40℃上下），完成巧克力蛋黄糊。

❻ 蛋白+塔塔粉，以打蛋器打至约5分发，将细砂糖（A）分2次加入打发至半干性发泡，完成蛋白霜。

❼ 将蛋白霜分3次加入巧克力蛋黄糊中。

❽ 拌至快均匀时，加入过筛低筋面粉。

❾　持续拌匀。

❿　倒入模型→抹平→敲泡→入炉。

上火180℃ | 下火160℃

中下层 | 网架 | 无旋风

约烤 29 分钟

⓫　出炉→脱模冷却即可。

NOTE ||

\#　**15%巧克力沙哈蛋糕**因为糖量较高且未添加液体，所以面糊中的糖呈现过饱和状态，会从面糊中析出至蛋糕表面，使蛋糕表面形成一层薄脆的表皮，在脱模或将围边纸撕开时，要注意尽量不要破坏蛋糕表层。

[无油海绵蛋糕]

糖
25%

蛋
50%

粉
25%

[含油海绵蛋糕]

糖
20%

蛋
50%

粉
25%

油
5%

Chapter 3　海绵蛋糕

海绵蛋糕是利用全蛋打发方式制作的蛋糕制品，海绵蛋糕食谱中有无油海绵蛋糕和含油海绵蛋糕两类配方。

构成无油海绵配方的三个主要原料为蛋、糖、粉，因为未添加油脂，所以必须添加比例较高的糖维持蛋糕湿润的口感，而含油海绵蛋糕配方则可降低糖比例。

无油海绵蛋糕

长崎蛋糕

模具尺寸 >>

长25厘米 × 宽15厘米 × 高8厘米
（内径）的木框

面糊质量 >>

800克

INGREDIENTS /

材料	实际用量（克）	实际百分比（%）
全蛋液	395	43.9
细砂糖	260	28.9
透明麦芽糖	50	5.5
蜂蜜	25	2.8
低筋面粉	150	16.7
热水	20	2.2
总和	**900**	**100.0**

注：长崎蛋糕制作难度
高，失败率高，制作大
败也别气馁哦。

RECIPE / 前置

❶ 将不粘耐热烘焙布折成1/4大小，垫在烤盘上，放上木框，底部四角先
铺白报纸，周围及底部再铺入白报纸（边纸高度可高出木框1～2厘米），
最后底部再垫入一张白报纸备用。

» 木框四角先垫入白报纸，可以彻底避免面糊由底部流出，若面糊流出，经加
热后，白报纸会与木框紧粘在一起，从而不易脱模，造成蛋糕变形。

» 最后一定要多垫一张白报纸（右图），在出炉后要撕掉围边纸时，若无此白报
纸，会不好撕，若太用力撕下，容易导致蛋糕变形。

» 家用烤箱所附的铁盘中间通常会微微凸起，所以将不粘耐热烘焙布垫在烤盘
底部，让底部平整一些，可以缓冲底火温度。

❷ 全蛋液先打散→加入细砂糖打散→加入透明麦芽糖及蜂蜜→隔水加热至40℃。

面糊 12 克
杯重 3 克

❸ 以打蛋器打发至面糊膨发，略呈流动状，测量比重为0.33（比重不要轻于0.33，比重＝面糊质量／水质量，计算方式见***NOTE***）。

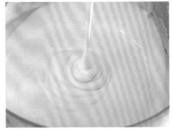

❹ 低筋面粉过筛加入，搅拌至呈浓稠状，测量比重为0.45（若步骤❸的面糊打发度较好，加粉后比重变大的幅度会较小或是不太有变化，若是打发度不够，比重变大的幅度会较大）。

❺ 加入热水搅拌成均匀面糊（面糊搅拌完成，会有泡泡陆续浮至表面，这是正常现象），倒入木框后入炉。

I	II	III	IV
上火200℃	上火200℃	上火200℃	上火200℃
下火150℃	下火150℃	下火150℃	下火150℃
中层｜无旋风	中层｜无旋风	中层｜无旋风	中层｜无旋风
先烤 2 分钟	再烤 2 分钟	再烤 2 分钟	约烤 45 分钟

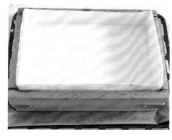

❻　第 I 段焙烤｜烤完→取出切拌面糊　　第 III 段焙烤｜烤完→取出切拌面糊→敲泡
　　第 II 段焙烤｜烤完→取出切拌面糊　　第 IV 段焙烤｜最后再烤约45分钟

❼　出炉轻敲→直接倒扣在铺有烘焙纸的木板上，将白报纸取下，再翻
　　至正面冷却。

NOTE ‖

\# 比重＝质量／体积＝相同体积面糊质量／相同体积水质量

烘焙用比重杯多设定为体积100毫升的容器。蛋糕的体积和组织状态是由面糊搅拌成功与否决定的，面糊打入的空气多，体积就大，但打入的空气过多，也会使蛋糕体组织过于粗糙；打入空气太少，又会让蛋糕组织太过紧实，因此面糊比重可作为参考标准。

\# 若无比重杯，可用一般感冒药药水所附的小塑料杯。

测量方式：
小塑料杯装满水质量约36克 + 小塑料杯质量3克 = 39克
将面糊装入小塑料杯秤重 = 约15克（面糊质量约12克 + 小塑料杯质量3克）
比重算法：[15克 － 3克（杯质量）] / [39克 － 3克（杯质量）] = 0.33

\# 长崎蛋糕出炉后要倒扣在烘焙纸上，若没倒扣在烘焙纸上，蛋糕表面容易粘黏。

抹茶长崎蛋糕

模具尺寸 >>

长25厘米 × 宽15厘米 × 高8厘米
（内径）的木框

面糊质量 >>

850克

INGREDIENTS /

材料	实际用量（克）	实际百分比（%）
全蛋液	395	43.3
细砂糖	260	28.5
透明麦芽糖	50	5.5
蜂蜜	25	2.7
低筋面粉	150	16.4
抹茶粉	13	1.4
热水	20	2.2
总和	913	100.0

注：低筋面粉不要一次全部
倒入打发的蛋液中，要均匀
撒入，或是以过筛的方式加
入，会较容易拌均匀。

加入面粉前，先将低筋面粉
和抹茶粉充分混合均匀，再
过筛。

 NOTE ‖

蛋液打发第一阶段的
比重不要低于**0.33**，若
是太轻（太发），加入
面粉后的比重就不会
变大。

第一阶段的打发程度和
平常制作蛋糕的打发程
度的判断方法完全不
同，面糊流动性会蛮高
的，像是还未打发的状
态，蛋液也尽量使用中
速打发，面糊中的空气
分布会相对均匀，测定
比重会较准确。

打太发对蛋糕的影响：

蛋糕焙烤上色度会较强，面糊烤2分钟后取出切拌面
糊时，若表面已有明显的结皮组织，此面糊焙烤到
最后，表面上色会过黑，表面颜色会不均匀。

蛋糕焙烤膨胀度会较大，而蛋糕表面底下会有一层
较湿的面糊组织，好像蛋糕还没烤熟，而蛋糕冷却
后，蛋糕表面下会有一层很明显的糖膏组织。

蛋液打发第一阶段的比重若太大（打得不够发），
则不会形成蛋糕组织，蛋糕焙烤后，底部会有一
层扎实的组织。

RECIPE / 前置

❶ 将烤垫不粘布折成1/4大小，垫在烤盘上，放上木框，底部四角先铺白报纸，周围及底部再铺入白报纸（边纸高度可高出木框1～2厘米），最后底部再垫入一张白报纸备用。

RECIPE / 蛋糕体

❷ 全蛋液先打散→加入细砂糖再打散→加入透明麦芽糖及蜂蜜→隔水加热至40℃。

❸ 以打蛋器打至面糊膨发，略呈流动状，测量比重为0.33（比重不要低于0.33，比重=质量/体积，计算方式见P119）。

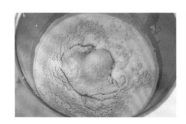

❹ 低筋面粉+抹茶粉过筛加入，搅拌至呈浓稠状，测量比重为0.47（若步骤❸的面糊打发太过，加粉后比重变化不大；若是打发度不够，比重变化的幅度会较大）。

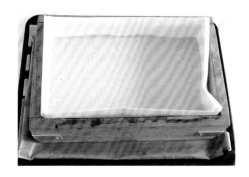

❺ 加入热水搅拌均匀成面糊（面糊搅拌完成，会有泡泡陆续浮至表面，这是正常现象），倒入木框后入炉。

Ⅰ	Ⅱ	Ⅲ	Ⅳ
上火200℃	上火200℃	上火200℃	上火200℃
下火150℃	下火150℃	下火150℃	下火150℃
中层｜无旋风	中层｜无旋风	中层｜无旋风	中层｜无旋风
先烤 2 分钟	再烤 2 分钟	再烤 2 分钟	约烤 45 分钟

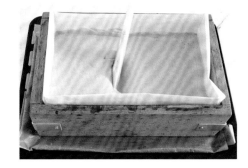

❻ 第Ⅰ段焙烤｜烤完→取出切拌面糊
第Ⅱ段焙烤｜烤完→取出切拌面糊
第Ⅲ段焙烤｜烤完→取出切拌面糊
　　　　　　→敲泡
第Ⅳ段焙烤｜再烤约45分钟

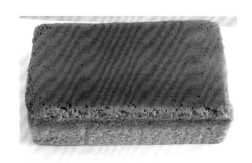

❼ 出炉轻敲→直接倒扣在铺有烘焙纸的木板上，将白报纸取下，再翻至正面冷却即可。

注：蛋糕表面下会有微微一层像糖蜜的组织，所以在切片时，可将蛋糕表面朝下，才不会一入刀就粘黏，增加切片的困难度。

蛋
糕
研
究
室

抹茶红豆夹心蛋糕

模具尺寸 >>
长32厘米×宽22厘米×高2.8厘米烤盘
铺入白报纸备用

面糊质量 >>
480克

INGREDIENTS /

材料	实际用量（克）	实际百分比（%）
抹茶粉	15	3
上白糖	120	24
全蛋液	300	60
低筋面粉	65	13
总和	**500**	**100.0**

红豆鲜奶油 /

自制红豆泥　　　　120克
动物性鲜奶油　　　80克

注：红豆泥做法见P145。
动物性鲜奶油打发，加入
自制红豆泥搅拌均匀。

NOTE ‖

\# 抹茶粉如果不先过筛和上白糖充分混合均匀，加入蛋液打发时就会有结粒、打不
散的情形。

RECIPE /

❶ 抹茶粉先过筛，加入上白糖混
合均匀备用。

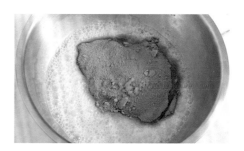

❷ 全蛋液先打均匀，加入抹茶粉
和上白糖中，拌匀。

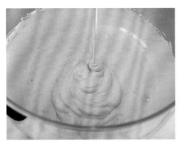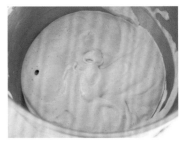

❸ 隔水加热至40℃后开始打发，打至面糊滴落的纹路不易消失的程度，低筋面粉过筛加入，拌匀成面糊。

上火210℃ | 下火180℃

中层 | 无旋风

约烤 20 分钟

❹ 将面糊倒入烤盘→抹平→敲泡→入炉。

❺ 出炉将热气敲出。

❻ 将蛋糕移出烤盘至冷却架→将周围白报纸撕开→冷却。

❼ 待蛋糕冷却→盖上白报纸翻面→撕除白报纸→蛋糕直向切为宽5厘米的4条→抹上红豆鲜奶油→叠好再分切成块状即可。

覆盆子海绵蛋糕

模具尺寸 >>	面糊质量 >>
长32厘米 × 宽22厘米 × 高2.8厘米烤盘铺入白报纸备用	330克

INGREDIENTS /

材料	实际用量（克）	实际百分比（%）
天然覆盆子粉	10	2.9
上白糖	80	23.2
全蛋液	200	58.0
低筋面粉	55	15.9
总和	345	100.0

打发鲜奶油 /

植物性鲜奶油	100克
动物性鲜奶油	50克

注：植物性鲜奶油先以打蛋器打发，再分次慢慢加入动物性鲜奶油并打发后，加入下一次的动物性鲜奶油再打发，直到加完为止。

分量外食材 /

新鲜草莓	适量

 **NOTE ‖**

\# 天然水果粉有很多种类，如覆盆子粉、草莓粉、柠檬粉及蓝莓粉……虽然同属于水果粉，但它们的烘焙性状不尽相同。

[添加覆盆子粉]

蛋糕的烤面会偏原味且添加抹茶粉的蛋糕湿黏，会黏手，所以表面需要以较强火力焙烤上色。

[添加蓝莓粉]

蛋糕会更湿黏且粗糙，也无蛋糕组织感。

[其他]

水果粉又分天然水果粉及人工水果粉，并不是每一种水果粉都能互相取代。

RECIPE /

❶ 天然覆盆子粉，加入上白糖混合均匀备用。

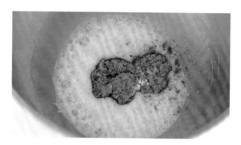

❷ 全蛋液先打均匀，加入混合好的天然覆盆子粉和上白糖，拌匀。

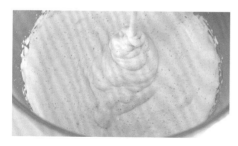

❸ 隔水加热至40℃后开始打发，打至面糊滴落的纹路不易消失，将低筋面粉过筛加入，拌匀成面糊。

❹ 将面糊倒入烤盘→抹平→敲泡→入炉。

上火 210~220℃ | 下火 170℃

中层 | 无旋风

烤 12~13 分钟

❺ 出炉将热气敲出→将蛋糕移出烤盘至冷却架上→将周围的白报纸撕开冷却。

❻ 蛋糕冷却→盖上白报纸翻面→撕除白报纸→盖上白报纸后再翻面（蛋糕要直向卷起）→抹上打发的鲜奶油*→铺上整颗草莓→卷起→将外围白报纸卷紧→放入冰箱冷藏定形即可。

> * 靠近蛋糕中间的鲜奶油可抹厚一点，蛋糕尾端的鲜奶油越薄越好，若蛋糕尾端的鲜奶油太厚，卷到最后鲜奶油会溢出来。

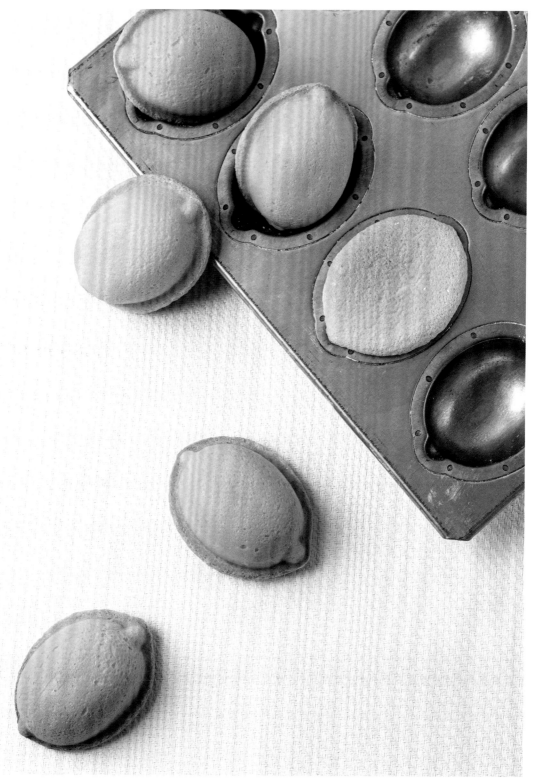

P132 ~ 133　>>　鸡蛋海绵蛋糕

鸡蛋海绵蛋糕

模具尺寸 >>

8连柠檬形烤盘

面糊质量 >>

18克 / 个

INGREDIENTS /

材料	实际用量（克）	实际百分比（%）
全蛋液	97	50.5
细砂糖	42	21.9
低筋面粉	33	17.2
无盐奶油	20	10.4
总和	192	100.0

注：无盐奶油隔水加热或直接以小火加热至融化。

NOTE ‖

此配方中细砂糖比例不到全蛋液的一半，打发后的面糊稳定度相对会较低，所以加入低筋面粉和无盐奶油要轻拌，避免面糊消泡，因此特别指示以打蛋器手工轻拌。

此海绵蛋糕配方成分趋近于戚风蛋糕的配方，制作出的蛋糕组织会较松软，所以脱模时无法像重奶油蛋糕那样能倒扣敲出模具，故而脱模时利用竹签轻轻将蛋糕拨出即可。

RECIPE / 前置

❶　柠檬形烤盘抹无盐奶油→撒低筋面粉→将多余面粉倒出，备用。

RECIPE / 蛋糕体

❷　全蛋液打散，加入细砂糖拌匀，隔水加热至约40℃。

❸　打发至面糊拉起的纹路不会消失。

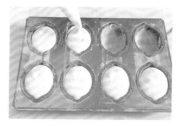

❹　低筋面粉过筛加入，用打蛋器手工轻拌均匀。

❺　加入融化的无盐奶油后，搅拌均匀。

❻　将面糊挤入8连柠檬形烤盘中（九分半满）→入炉。

上火230℃｜下火230℃

中层｜网架｜无旋风

约烤 10 分钟

❼　出炉→立即脱模冷却即可。

蒙布朗海绵蛋糕

模具尺寸 >>

6寸圆形固定蛋糕模
放入底纸 + 围边纸

面糊质量 >>

300克

INGREDIENTS /

材料	实际用量（克）	实际百分比（%）
全蛋液	153	44.9
细砂糖	85	24.9
低筋面粉	79	23.2
无盐奶油	17	5.0
水	7	2.0
总和	341	100.0

打发鲜奶油 /

植物性鲜奶油	100克
动物性鲜奶油	50克

注：植物性鲜奶油先以打蛋
器打发，再分次慢慢加入动
物性鲜奶油并打发，再加入
下一次的动物性鲜奶油并打
发，直到加完为止。

栗子馅 /

有糖栗子酱 （法国产）	300克
动物性鲜奶油	200克

分量外食材 /

食用金箔	少许

 **NOTE** ‖

\# 全蛋打发的蛋液可隔水加热，隔水加热后的蛋液状态会变稀，可增加打发的速度。全蛋液在低温时状态较浓稠，打发后体积会较小，但打发的蛋霜会较稳固，经过搅拌消泡性会比较低。

\# 通常建议将全蛋液隔水加热至40℃左右，使其状态易于打发，经打发后蛋霜的温度下降，蛋霜状态会较稳定。若将全蛋液加热超过45℃，虽然易于打发，但打发完成后蛋霜的温度还是超过40℃，此时包覆着空气的蛋膜会较稀（较脆弱），经过搅拌，蛋液薄膜较容易崩坏。

\# 在室内温度较低或在冬天制作时，全蛋液隔水加热的温度也可提高至接近45℃，室温若较高则加热温度提高至约40℃即可。虽然全蛋液不隔水加热也可以制作出蛋糕，但此配方加入的是无盐奶油（固体油），加热蛋液能提高面糊的融合度及蛋糕组织的细致度。

蛋糕研究室

❶ 全蛋液打散，加入细砂糖拌匀，隔水加热至约40℃。

❷ 打发至滴落的纹路不易消失。　　❸ 低筋面粉过筛加入，搅拌均匀。

❹ 无盐奶油+水煮至微滚沸，加入拌匀成面糊。

32升

上火170℃ ┃ 下火170℃

中下层 ┃ 网架 ┃ 无旋风

烤 28~30 分钟

❺ 将面糊倒入蛋糕模→抹平→敲　　❻ 出炉将热气敲出→脱模→置于
泡→入炉。　　　　　　　　　　　 冷却架上→撕除围边纸→冷却。

RECIPE / 栗子馅

❼ 有糖栗子酱先打均匀，加入打发的动物性鲜奶油，搅拌均匀后，备用。

RECIPE / 组合

❽ 将蛋糕表面切除→蛋糕体分切成3片。

  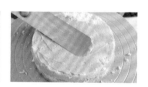

❾ 第一片蛋糕以抹刀抹一层栗子馅→叠上第二片蛋糕→抹一层栗子馅→再叠上第三片蛋糕。

❿ 在蛋糕顶部、侧面抹上打发鲜奶油→以抹刀修饰抹平。

1	2	3
4	5	6
7	8	9
10	11	12

⓫ 挤花袋装上蒙布朗挤花嘴→填入栗子馅→在蛋糕上挤两层栗子馅→点缀少许食用金箔即可。

不打发系海绵蛋糕

铜锣烧

模具尺寸 >>	面糊质量 >>
不粘锅	视成品大小决定

INGREDIENTS /

材料	实际用量（克）	实际百分比（%）
全蛋液	110	27.4
细砂糖	90	22.4
蜂蜜	20	5.0
水	36	9.0
低筋面粉	134	33.4
色拉油	10	2.5
小苏打	1	0.3
总和	401	100.0

自制红豆泥 /

生红豆	300克
二砂糖	230克

奶油红豆馅 /

自制红豆泥	200克
无盐奶油	20克

注：自制红豆泥趁热或蒸
热回温，加入无盐奶油拌
匀，冷却备用。

RECIPE / 自制红豆泥

❶ 生红豆+水煮滚→将热水滤掉→以冷水洗净→再加水煮到以手能轻易将红豆压碎的程度（因为要做成红豆泥，可以煮烂一点，锅中水量都控制在刚好淹过红豆的状态）。

❷ 煮到红豆可轻易用手压碎时，加入二砂糖拌匀→煮滚→熄火放至微温→打成泥→再回炉，以中小火煮至糖液收干即可（炼煮后的总质量约为970克）。

RECIPE / 蛋糕体

❸ 全蛋液+细砂糖+蜂蜜拌匀，以打蛋器打至约5分发（让面糊还保持在较稀的
状态）。

❹ 水+小苏打先搅拌溶解，加入拌匀。

❺ 低筋面粉过筛加入，搅拌均匀，加入色拉油拌匀，室温静置1小时备用。

❻ 不粘锅加热至180℃，将面糊以挤花袋挤入或以汤匙舀入平底锅，盖上锅盖，观察面糊表面有大气泡冒出，检查底部上色度后翻面，约10秒后取出冷却*。

* 第二面不需煎至上色，边缘还要留有一点湿黏感，煎过久会过干。

❼ 将蛋糕片抹上奶油红豆馅，以另一片蛋糕夹起即可。

 NOTE ‖

\# 若平底锅温度不够，要煎到冒泡所花的时间会较久，口感就会变得比较干，蛋糕片膨胀度会变差，蛋糕片会变得较薄，若平底锅温度太高，表面上色会较深且不均匀，也容易破坏不粘锅涂层。

\# 若希望提高表皮湿润度，可以稍微减少低筋面粉用量（如将134克减少至130克），也可稍微增加色拉油的用量，其湿润度就会有明显差异。

咸松饼

模具尺寸 >>

松饼机

面糊质量 >>

视机器规格而定

INGREDIENTS /

材料	实际用量（克）	实际百分比（%）
全蛋液	130	25.9
蜂蜜	25	5.0
细砂糖	60	12.0
低筋面粉	145	28.9
鲜奶	100	20.0
无盐奶油	40	8.0
盐	1	0.2
总和	**501**	**100.0**

鸡蛋色拉 /

水煮蛋	3个
色拉酱	适量
黑胡椒粒	适量
盐	适量

注1　水煮蛋捣碎，加入色拉酱（加入量只需让水煮蛋有黏稠度即可）、黑胡椒粒及盐拌匀备用。

分量外食材 /

火腿片	3片
起司片	3片

注2　火腿片煎熟后冷却备用。

 **NOTE ‖**

\# 在咸松饼面糊配方中，砂糖用量较甜松饼少，松饼上色时间会较慢，面糊加热后的流动性及膨胀性较甜松饼低，所以挤入松饼机的面糊量可以稍微多一些。

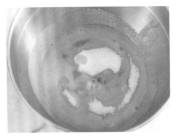  

❶ 全蛋液+蜂蜜+细砂糖搅拌均匀，打发至面糊滴落的纹路会慢慢消失的程度。

❷ 低筋面粉过筛加入，拌匀。

❸ 鲜奶+无盐奶油+盐，煮至奶油溶化，加入拌匀成面糊，冷藏静置备用（建议3天内用毕）。

❹ 松饼机预热，将面糊挤入松饼机→烤至上色→取出冷却。

❺ 将两片松饼抹上鸡蛋色拉→铺上熟火腿片及起司片→夹起对切即可。

甜松饼

模具尺寸 >>

松饼机

面糊质量 >>

视机器规格而定

INGREDIENTS /

材料	实际用量（克）	实际百分比（%）
全蛋液	150	29.9
蜂蜜	25	5.0
细砂糖	100	20.0
低筋面粉	125	25.0
鲜奶	50	10.0
无盐奶油	50	10.0
盐	1	0.2
总和	**501**	**100.0**

打发鲜奶油 /

植物性鲜奶油	**100**克
动物性鲜奶油	**50**克

注：植物性鲜奶油先以打蛋器打发，再分次慢慢加入动物性鲜奶油并打发，再加入下一次的动物性鲜奶油并打发，直到动物性鲜奶油加完为止。

分量外食材 /

新鲜水果	适量

 **NOTE ||**

\# 甜松饼面糊配方的糖比例较高，受热后面糊的膨胀性及流动性会较强，所以面糊挤入松饼机时不要装满模，否则面糊会溢出机器外。

❶ 全蛋液+蜂蜜+细砂糖搅拌均匀，打发至面糊滴落的纹路会慢慢消失的程度。

❷ 低筋面粉过筛加入，拌匀。

❸ 鲜奶+无盐奶油+盐，煮至奶油溶化，加入拌匀成面糊，冷藏备用（建议3天内用毕）。

❹ 松饼机预热，将面糊挤入松饼机→烤至上色→取出冷却。

❺ 将两片松饼抹上打发的鲜奶油→铺上水果片→夹起对切即可。

[无油戚风蛋糕]

蛋白 33%
糖 25%
蛋黄 17%
粉 25%

[含油戚风蛋糕]

蛋白 33%
糖 15%
蛋黄 17%
粉 15%
液体 10%
油 10%

Chapter 4　戚风蛋糕

戚风蛋糕是分蛋打发法制作的蛋糕，本章的戚风蛋糕食谱又分为无油戚风蛋糕和含油戚风蛋糕两类，含油戚风蛋糕又分为中空戚风蛋糕、实心戚风蛋糕和平盘戚风蛋糕—蛋糕卷三类。

无油戚风蛋糕因未添加油脂，所以配方中需要添加比例较高的糖，以维持蛋糕的湿润口感，而含油戚风蛋糕的配方中，除了添加油外，还加入了较高比例的液体原料，所以蛋糕组织会较松软且湿润。

无油戚风蛋糕

布晒尔蛋糕

模具尺寸 >>	面糊质量 >>
烤盘垫白报纸备用	15克／片

INGREDIENTS /

材料	实际用量（克）	实际百分比（%）
蛋白	90	35.5
细砂糖	45	17.8
塔塔粉	0.5	0.2
蛋黄	40	15.8
低筋面粉	55	21.7
杏仁粉	23	9.1
总和	253.5	100.0

软质巧克力馅 /

动物性鲜奶油	110克
透明麦芽糖	25克
蛋黄	20克
无盐奶油	10克
苦甜巧克力	100克

分量外食材 /

糖粉	适量

 **NOTE** ‖

\# 布晒尔蛋糕与达克瓦滋及纽粒是类似的产品，这些产品既可以做出偏向蛋糕的松软的口感，又可以做出偏向饼干的口感。此配方的布晒尔蛋糕是偏向蛋糕口感的，会较湿润，需冷藏，若要制作可以常温放置的布晒尔蛋糕，可减少蛋比例至约**40%**，并提高配方中的糖量及粉量，同时也要将内馅换成常温奶油馅。

RECIPE /

❶ 蛋白+塔塔粉，以打蛋器打至约5分发，将细砂糖分2次加入，打至接近干性发泡，加入蛋黄持续打发至表面纹路不会消失的状态。

❷ 低筋面粉+杏仁粉过筛加入，拌匀成面糊。

❸ 铁盘铺白报纸，将面糊装入直径1厘米的平口花嘴挤花袋→挤成直径约5厘米的圆形（此配方约可挤出16个）→表面撒糖粉→入炉。

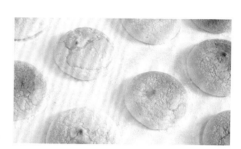

 上火200℃ | 下火180℃

中下层 | 无旋风

烤 9~10 分钟

❹　出炉移出烤盘置于冷却架上→冷却。

> 注：布晒尔蛋糕的面糊容易消泡，所以用42升烤箱一次烘焙。此配方中蛋白用量已降至最低，蛋白量若再少，则不易打发。

❺　蛋黄+透明麦芽糖拌匀，加入煮滚的动物性鲜奶油，拌匀，隔水加热至85℃，加入苦甜巧克力拌至溶化均匀，再加入无盐奶油拌匀，移入冰箱冷藏，冰镇后取出打发成软质巧克力馅使用。

❻　取一片蛋糕→挤上软质巧克力馅→盖上另一片蛋糕即可。

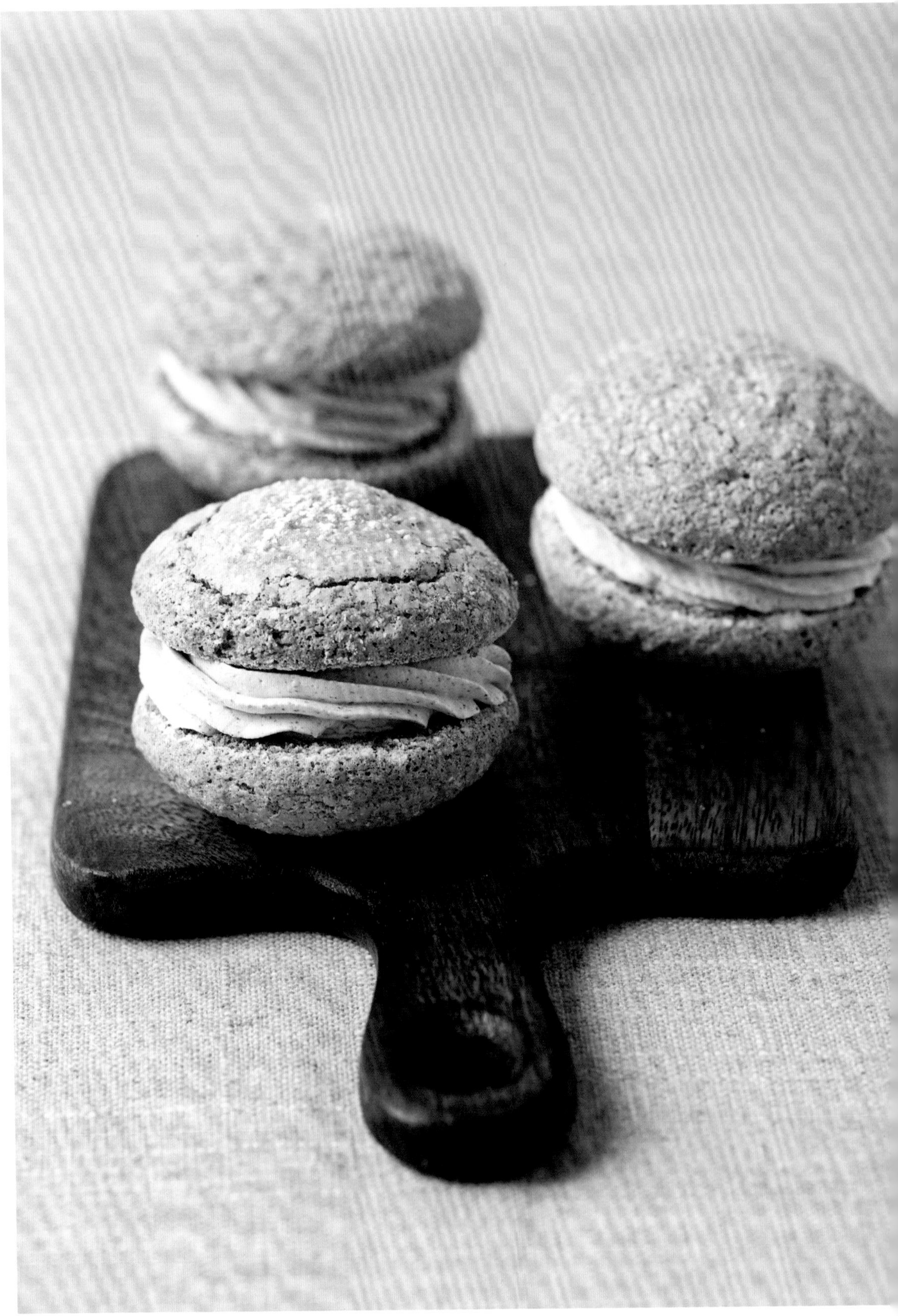

焙茶布晒尔蛋糕

模具尺寸 >>	面糊质量 >>
烤盘垫白报纸备用	15克／片

INGREDIENTS /

材料	实际用量（克）	实际百分比（%）
蛋白	90	34.8
细砂糖	45	17.4
塔塔粉	0.5	0.2
蛋黄	40	15.5
低筋面粉	55	21.3
焙茶粉	5	1.9
杏仁粉	23	8.9
总和	258.5	100.0

焙茶鲜奶油 /

植物性鲜奶油	100克
焙茶粉	2克

注：植物性鲜奶油＋焙茶粉稍微拌匀，以打蛋器打至所需浓度即可。

分量外食材 /

糖粉	适量

NOTE ||

\# 此配方蛋比例（蛋白＋蛋黄）超过**50%**，糖比例（**17.4%**）偏低，所制作出的布晒尔蛋糕口感较湿润，夹入鲜奶油后经过冷藏存放，表面容易回潮，所以不适合长时间存放。若降低蛋比例、增加糖及粉的比例，让蛋糕体水分下降，则可延长成品存放有效期。

RECIPE /

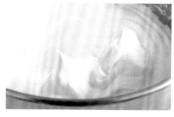

❶ 蛋白+塔塔粉，以打蛋器打至约5分发，将细砂糖分2次加入，打至接近干性发泡。

❷ 加入蛋黄。

❸ 持续打发至表面的纹路不会消失的状态。

④ 低筋面粉+焙茶粉+杏仁粉过筛加入，拌匀成面糊。

⑤ 烤盘铺白报纸，将面糊装入直径1厘米的平口花嘴挤花袋→挤出直径约5厘米的圆形（此配方约可挤出16个）→表面撒糖粉→入炉。

上火200℃ | 下火180℃

中下层 | 无旋风

烤 10~11 分钟

⑥ 出炉移出烤盘置于冷却架上→冷却。

注：制作会消泡的产品要考虑烤箱大小，若烤箱太小无法一次焙烤，会造成大量耗损，因此这里以42升烤箱制作。

⑦ 取一片蛋糕→挤上打发的焙茶鲜奶油→盖上另一片蛋糕即可。

香蕉巧克力鲜奶油蛋糕卷

模具尺寸 >>

长**32**厘米 × 宽**22**厘米 × 高**2.8**厘米
铺入白报纸备用

面糊质量 >>

250克

INGREDIENTS /

材料	实际用量（克）	实际百分比（%）
蛋白	100	36.9
细砂糖	55	20.3
塔塔粉	1	0.4
蛋黄	50	18.5
低筋面粉	50	18.5
杏仁粉	5	1.8
可可粉	10	3.7
总和	**271**	**100.0**

巧克力鲜奶油/

植物性鲜奶油	180克
71%调温黑巧克力	40克

注：植物性鲜奶油＋调温黑巧克力隔水加热至巧克力完全化开，温度不需太高，只需可将巧克力化开的温度即可，带锅放入冰箱冷藏，取出打发。

分量外食材/

新鲜香蕉	适量

 **NOTE** ‖

可可粉是会让面糊消泡的食材，所以不适合用来制作全蛋打发的蛋糕。通常此类无添加油及液体的配方，如焙茶布晒尔蛋糕，不会有消泡问题。此蛋糕卷的面糊加入可可粉后，就要秉持轻拌及快速的原则，才不会让面糊消泡液化，导致制作出过于扎实的蛋糕体。

使用手持电动搅拌机打发鲜奶油的力度较弱，若用于巧克力鲜奶油的打发效果会更差，所以更要确保打发时的温度，温度太高则不容易打发，若一次打不发，可将其放回冰箱冷藏降温后取出再打发，或隔冰盆降温后再打发，效果会较好。

❶ 蛋白+塔塔粉以打蛋器
打至约5分发。

❷ 将细砂糖分2次加入，
打至湿性发泡。

❸ 加入蛋黄，打发均匀。

❹ 低筋面粉+杏仁粉+可可
粉过筛加入。

❺ 拌匀成面糊。

❻ 将面糊全部倒入烤盘→
抹平→敲泡→入炉。

上火200℃ | 下火200℃

中层 | 网架 | 无旋风

约烤 10 分钟

❼ 出炉将热气敲出→将蛋糕移出
烤盘置于冷却架上→将蛋糕周
围的白报纸撕开→静置冷却。

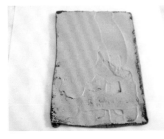

❽ 待蛋糕冷却→盖上白报纸翻面→撕除白报纸再翻面（蛋糕要直向卷起）→于烤面
上抹上打发的巧克力鲜奶油*→摆上新鲜香蕉→卷起→将外围白报纸卷紧放入冰箱
冷藏至定形即可。

* 靠近蛋糕中间的鲜奶油可抹厚一点，蛋糕尾端
的鲜奶油越薄越好，若蛋糕尾端的鲜奶油太
厚，卷到最后鲜奶油会溢出来。

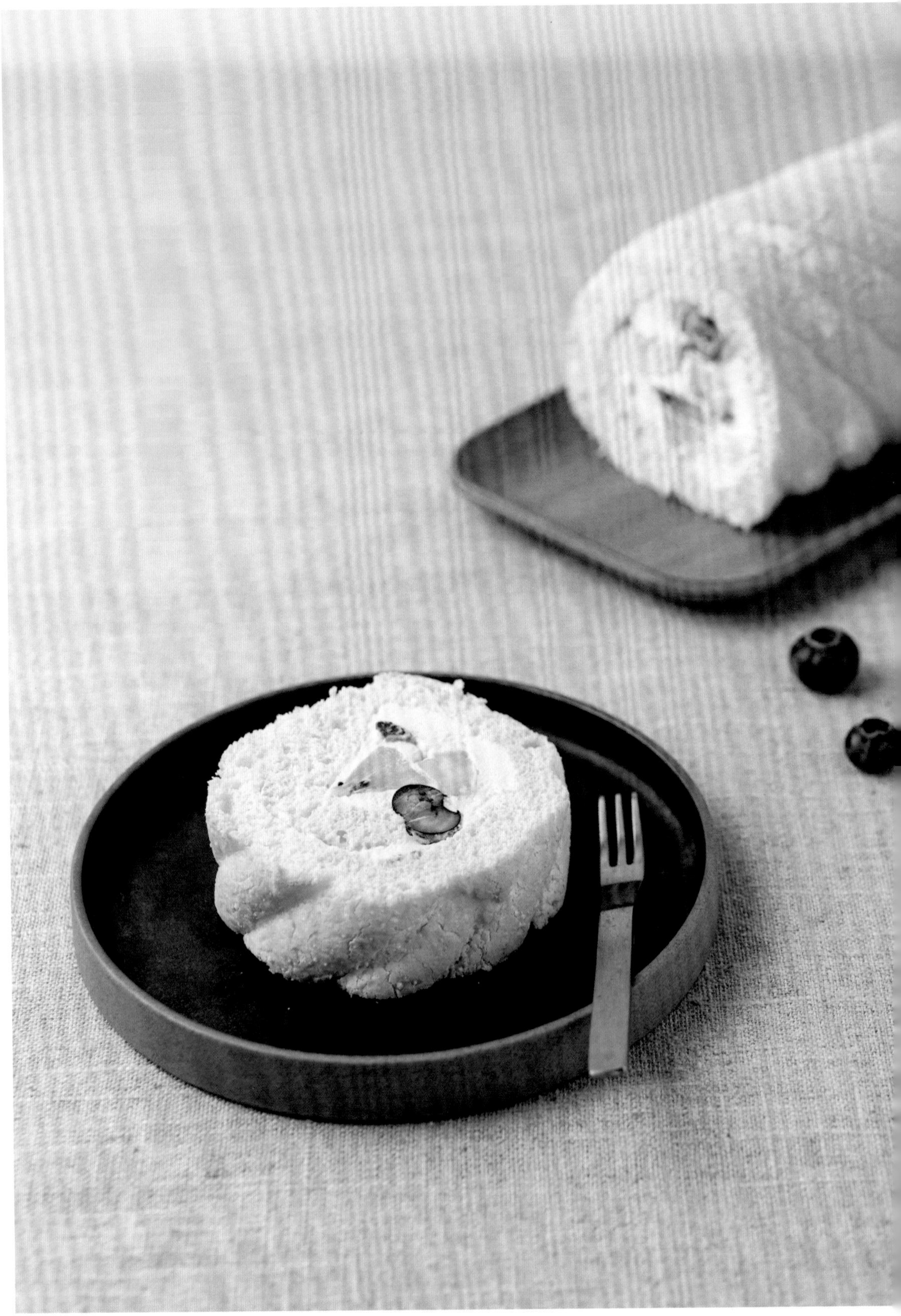

夏洛特鲜果蛋糕卷

模具尺寸 >>	面糊质量 >>
长32厘米 × 宽22厘米 × 高2.8厘米 铺入白报纸备用	260克

INGREDIENTS /

材料	实际用量（克）	实际百分比（%）
蛋白	100	35.1
塔塔粉	1	0.4
细砂糖	67	23.5
蛋黄	50	17.5
低筋面粉	67	23.5
总和	285	100.0

打发鲜奶油 /

植物性鲜奶油	100克
动物性鲜奶油	50克

注：植物性鲜奶油先以打蛋器打
发，再分次慢慢加入动物性鲜
奶油并打发后再加入下一次的动
物性鲜奶油再打发，直到加完
为止。

分量外食材 /

新鲜黄金奇异果	适量（切条）
新鲜香蕉	适量（切条）
新鲜草莓	适量（一切四）
新鲜蓝莓	适量

NOTE ‖

\# 面糊挤入烤盘时，线条与线条之间留有小小的缝隙，焙烤后的线条纹路就会比较明显。

RECIPE /

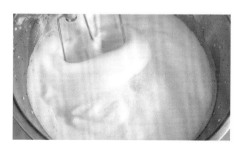
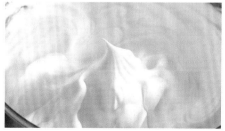

❶ 蛋白+塔塔粉，以打蛋器打至约5分发，将细砂糖分2次加入，打至接近干性发泡，完成蛋白霜。

❷ 蛋白霜分3次加入蛋黄中，拌匀。

❸ 低筋面粉过筛加入，拌匀成面糊。

❹ 将面糊装入直径1厘米的平口花嘴挤花袋→斜挤入烤盘→表面撒上糖粉→入炉。

上火200℃ | 下火200℃

中层 | 网架 | 无旋风

约烤 10 分钟

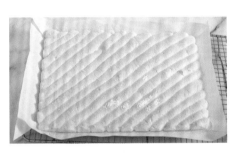

❺ 出炉将热气敲出→将蛋糕移出烤盘置于冷却架上→将周围白报纸撕开→静置冷却。

❻ 待蛋糕冷却→盖上白报纸翻面→撕除白报纸（蛋糕要直向卷起）→抹上打发的鲜奶油*→铺上新鲜水果→卷起→将外围白报纸卷紧放入冰箱冷藏至定形即可。

* 靠近蛋糕中间的鲜奶油可抹厚一点，蛋糕尾端的鲜奶油越薄越好，若蛋糕尾端的鲜奶油太厚，卷到最后鲜奶油会溢出来。

中空戚风蛋糕

原味奶油戚风

模具尺寸 >>

6寸中空戚风蛋糕模

面糊质量 >>

450克

INGREDIENTS /

材料	实际用量（克）	实际百分比（%）
蛋黄	68	14.6
无盐奶油	52	11.2
鲜奶	48	10.3
低筋面粉	64	13.8
蛋白	136	29.2
塔塔粉	1	0.2
细砂糖	96	20.6
总和	465	100.0

注：无盐奶油隔水加热或直接以小火加热至融化。

 *NOTE* ‖

\# 蛋白霜的细砂糖用量超过蛋白量的**1/2**以上，建议砂糖分三次加入并逐次打发。

\# 添加奶油的蛋黄糊，若在温度下降后再和蛋白霜结合，则会有严重消泡的情形，烤出的蛋糕组织如右图所示。蛋黄糊和蛋白霜结合时的温度，要维持在**40℃**以上，蛋白也建议不要使用冷藏蛋。

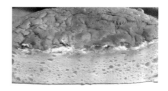

蛋糕研究室

❶ 蛋黄先打散，慢慢加入融化的无盐奶油以打蛋器拌至乳化均匀，再加入鲜奶拌匀，隔水保温在40℃。

❷ 低筋面粉过筛加入（此步骤在蛋白霜快打发完成时再操作）。

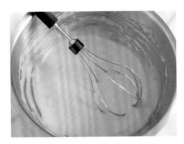

❸ 拌匀，完成蛋黄糊。

❹ 蛋白+塔塔粉，以打蛋器打至约5分发，将细砂糖分3次加入，打至半干性发泡，完成蛋白霜。

❺ 将蛋白霜分3次加入蛋黄糊中。

❻ 拌匀成面糊。

❼ 倒入中空戚风蛋糕模→敲泡→用竹签旋绕面糊使气泡均匀→再敲泡→入炉。

上火200℃ | 下火190℃

中下层 | 网架 | 开旋风

烤 30~33 分钟

❽ 出炉将热气敲出→倒扣在酒瓶上冷却→脱模即可。

蛋
糕
研
究
室

咖啡奶油戚风

模具尺寸 >>

6寸中空戚风蛋糕模

面糊质量 >>

450克

INGREDIENTS /

材料	实际用量（克）	实际百分比（%）
蛋黄	72	15.3
细砂糖（A）	24	5.1
无盐奶油	52	11.0
鲜奶	28	5.9
（烘焙用）即溶咖啡粉	6	1.3
低筋面粉	60	12.7
咖啡利口酒	12	2.5
蛋白	145	30.7
塔塔粉	1	0.2
细砂糖（B）	72	15.3
总和	**472**	**100.0**

注：无盐奶油隔水加热或直接以小火加热至融化。

 **NOTE** ‖

\# 蛋黄糊保温时温度不要过高，因蛋黄糊熟化会产生颗粒，若温度超过50℃，面糊表面容易结皮。

\# 若先加入低筋面粉再保温，面糊表面也很容易结皮，所以建议在蛋白霜打发完成后再加入低筋面粉拌匀。

❶ 蛋黄+细砂糖（A）+融化好的无盐奶油，以打蛋器拌至乳化均匀。

❷ 再加入鲜奶拌匀。

❸ 加入即溶咖啡粉拌匀，40℃隔水保温。

❹ 低筋面粉过筛加入（此步骤在蛋白霜快打发完成时操作），拌匀。

❺ 加入咖啡利口酒拌匀，完成蛋黄糊。

❻ 蛋白+塔塔粉，以打蛋器打至约5分发。

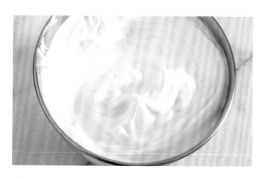

❼　将细砂糖（B）分2次加入，打至半干性发泡，完成蛋白霜。

❽　蛋白霜分3次加入蛋黄糊中，拌匀成面糊。

❾　倒入中空戚风蛋糕模→敲泡。

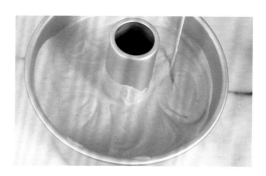

❿　用竹签旋绕面糊使气泡均匀→再敲泡→入炉。

上火200℃｜下火180℃
中下层｜网架｜开旋风
约烤 26 分钟

⓫　出炉将热气敲出。

⓬　倒扣在酒瓶上冷却→脱模即可。

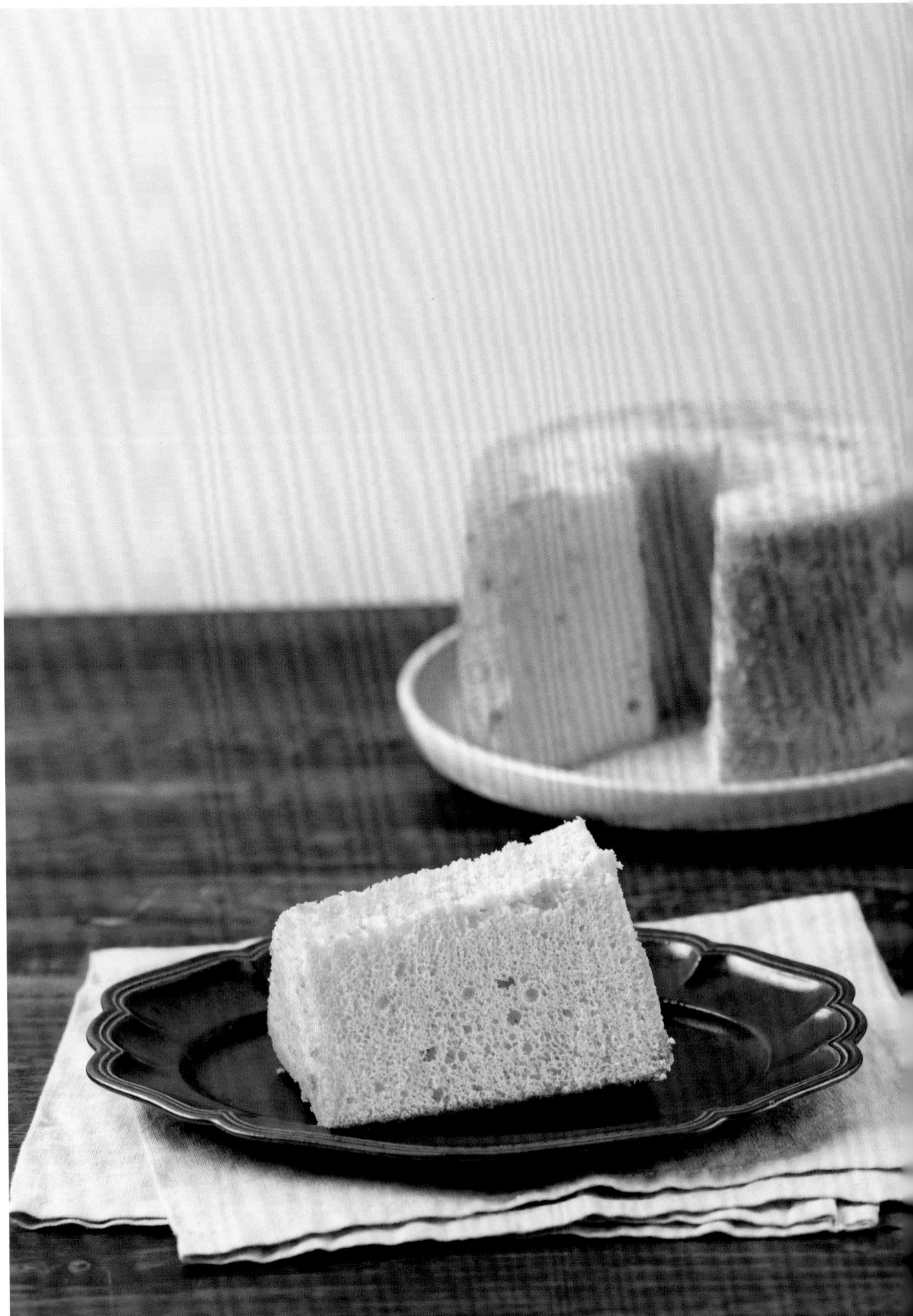

番薯奶油戚风

模具尺寸 >>	**面糊质量** >>
6寸中空戚风蛋糕模	550克

INGREDIENTS /

材料	实际用量（克）	实际百分比（%）
过筛番薯泥	99	16.8
细砂糖（A）	9	1.5
蛋黄	72	12.2
无盐奶油	72	12.2
鲜奶	36	6.1
低筋面粉	72	12.2
蛋白	153	25.9
塔塔粉	1	0.2
细砂糖（B）	77	13.0
总和	591	100.0

注：无盐奶油隔水加热或直接以小火加热至融化。

NOTE

\# 若在蛋糕配方中添加少量番薯泥，不需要调整配方比例，直接加入即可。随着番薯泥添加比例增加，番薯中的淀粉量增加，面糊会变干，会影响到蛋糕膨胀度及口感，此时就要适当减少配方中低筋面粉的用量。

\# 番薯泥是使用新鲜番薯蒸熟过筛制成，也可购买现蒸或现烤的番薯。但要注意，不要购买蒸烤过久、水分散失过多的番薯，否则加入蛋黄糊后蛋糕会较干，蛋糕组织会较扎实，膨胀度会较差。

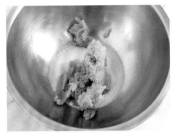

① 过筛番薯泥+细砂糖（A），以打蛋器拌匀。

② 蛋黄分2次加入拌匀。

③ 无盐奶油加热融化，加入拌匀。

④ 再加入鲜奶拌匀，隔水保温在40℃。

⑤ 低筋面粉过筛加入（此步骤在蛋白霜快打发完成时操作），拌匀，完成蛋黄糊。

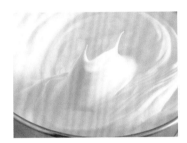

⑥ 蛋白+塔塔粉，以打蛋器打至约5分发，将细砂糖（B）分2次加入，打至半干性发泡，完成蛋白霜。

⑦ 将蛋白霜分3次加入蛋黄糊中。

⑧ 拌匀成面糊。

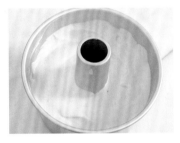

⑨ 倒入中空戚风蛋糕模→敲泡→用竹签旋绕面糊使气泡均匀→再敲泡→入炉。

32升

上火200℃ | 下火190℃

中下层 | 网架 | 开旋风

约烤 33 分钟

⑩ 出炉将热气敲出→倒扣在酒瓶上冷却→脱模即可。

香蕉戚风蛋糕

模具尺寸 >>	面糊质量 >>
6寸中空戚风蛋糕模	450克

INGREDIENTS /

材料	实际用量（克）	实际百分比（%）
蛋黄	75	15.2
香蕉泥	75	15.2
无盐奶油	48	9.8
鲜奶	27	5.5
低筋面粉	72	14.6
蛋白	129	26.2
塔塔粉	1	0.2
细砂糖	65	13.2
总和	492	100.0

注：无盐奶油隔水加热或直接以小火加热至融化。

RECIPE /

❶ 蛋黄先打散，香蕉泥过筛加入，以打蛋器搅拌均匀。

❷ 无盐奶油加热融化，加入拌匀。

❸ 鲜奶加入拌匀。

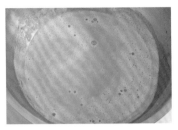

❹ 隔水保温在40℃。

❺ 低筋面粉过筛加入（此步骤在蛋白霜快打发完成时操作），拌匀，完成蛋黄糊。

❻ 蛋白+塔塔粉以打蛋器打至约5分发，将细砂糖分2次加入，打至半干性发泡，完成蛋白霜。

❼ 将蛋白霜分3次加入蛋黄糊中。

❽ 拌匀成面糊。

❾ 倒入中空戚风蛋糕模→敲泡→用竹签旋绕面糊使气泡均匀→再敲泡→入炉。

上火200℃ ｜ 下火190℃

中下层 ｜ 网架 ｜ 开旋风

约烤 30 分钟

❿ 出炉将热气敲出→倒扣在酒瓶上冷却→脱模即可。

 **NOTE** ‖

\# 蛋糕面糊配方中若加入香蕉，配方中的油脂及液体可相应减少，也可相应减少些许砂糖。通常在戚风蛋糕配方中，油脂、水分、细砂糖的添加量的范围较大，所以不需刻意调整也可以成功制作出蛋糕。

\# 但必须注意的是低筋面粉的添加量，如磅蛋糕配方中低筋面粉的实际百分比为25%，添加香蕉泥后的低筋面粉的实际百分比也要维持在25%，本书戚风蛋糕配方中粉实际百分比以15%为基准，添加香蕉泥后的粉实际百分比也要在15%左右，如果面粉实际百分比过低，蛋糕的品质就会有明显的改变。

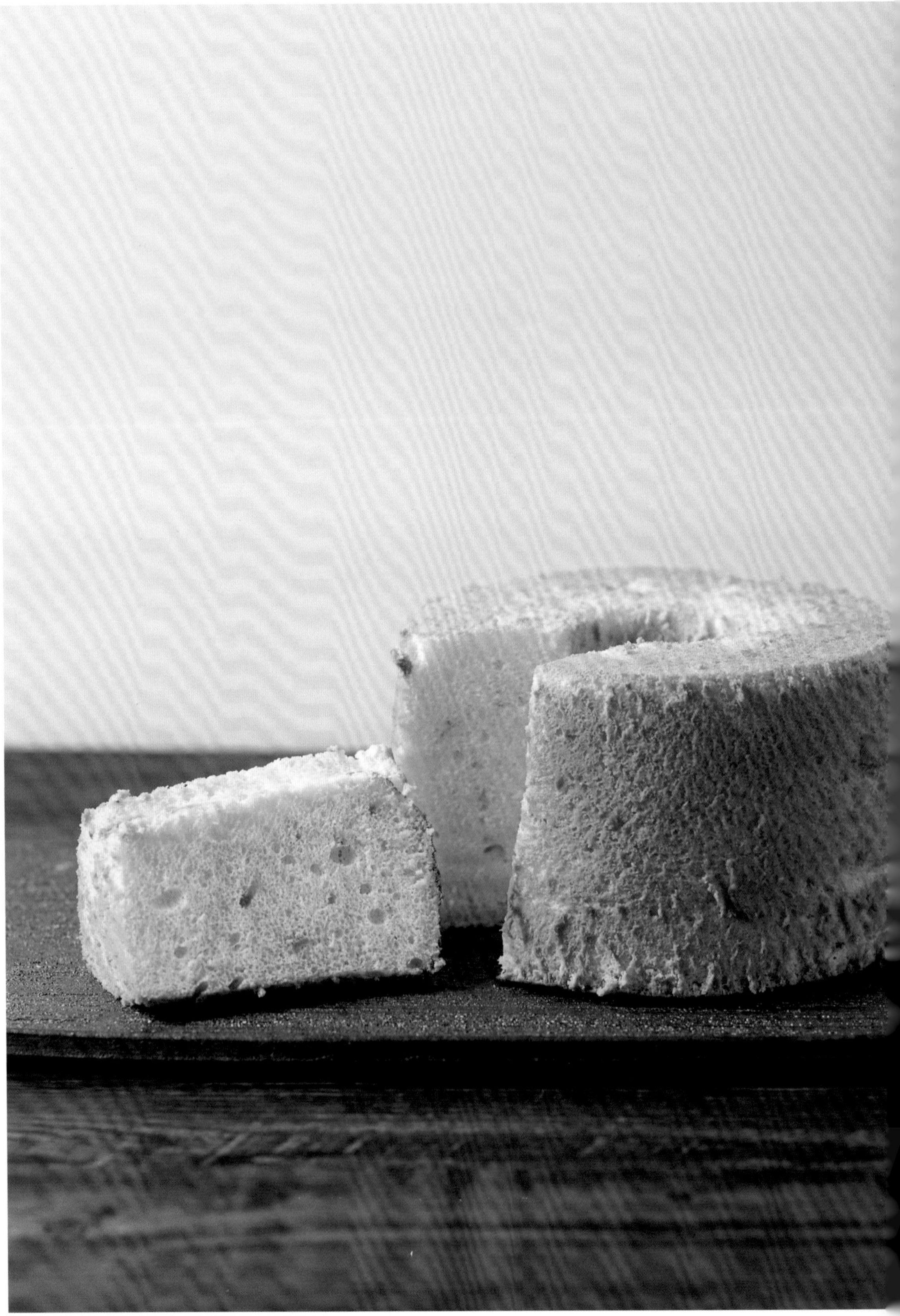

柳橙戚风蛋糕

模具尺寸 >>	面糊质量 >>
6寸中空戚风蛋糕模	460克

INGREDIENTS /

材料	实际用量（克）	实际百分比（%）
蛋黄	65	13.5
无盐奶油	50	10.4
柳橙果酱	26	5.4
新鲜柳橙汁	37	7.7
柳橙皮酱	46	9.5
低筋面粉	66	13.7
蛋白	130	26.9
塔塔粉	1	0.2
细砂糖	62	12.8
总和	483	100.0

注：无盐奶油隔水加热或直接以小火加热至融化。

RECIPE /

❶ 蛋黄先打散，慢慢加入融化好的无盐奶油，以打蛋器拌至乳化均匀。

❷ 柳橙果酱+新鲜柳橙汁+柳橙皮酱加入拌匀。

③ 隔水保温在42℃。

④ 低筋面粉过筛加入（此步骤在蛋白霜快打发完成时操作），拌匀，完成蛋黄糊。

⑤ 蛋白+塔塔粉以打蛋器打至约5分发，将细砂糖分2次加入，打至半干性发泡，完成蛋白霜。

⑥ 将蛋白霜分3次加入蛋黄糊中。

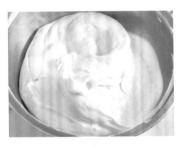
⑦ 拌匀成面糊。

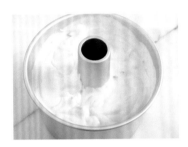
⑧ 倒入中空戚风蛋糕模→敲泡→以竹签旋绕面糊使气泡均匀→再敲泡→入炉。

32升

上火190℃ | 下火180℃

中下层 | 网架 | 开旋风

约烤 28 分钟

⑨ 出炉将热气敲出→倒扣在酒瓶上冷却→脱模即可。

NOTE

\# 柳橙果酱要选择配料以柳橙及砂糖为主的香气较浓郁的果酱。有些果酱中添加香料及色素等成分，在制作蛋糕时使用则变数较大。若是以柳橙及砂糖为主的果酱，加入蛋糕配方后就可以相应减少砂糖的用量。

\# 柳橙皮酱选用日本制的糖渍柳橙皮丝（需冷藏），其腌渍糖液并不像果酱一样黏稠，整体状态更像是较湿润、糖度较低的果干，添加目的主要为增加果皮的香气及加强蛋糕的口感。虽然有其他类型的柳橙皮酱，但选择果皮比例较高的品种更好。

柠檬戚风蛋糕

模具尺寸 >>

6寸中空戚风蛋糕模

面糊质量 >>

550克

INGREDIENTS /

材料	实际用量（克）	实际百分比（%）
蛋黄	110	18.2
无盐奶油	60	9.9
鲜奶	25	4.1
新鲜柠檬汁	35	5.8
低筋面粉	80	13.2
糖渍柠檬皮酱	35	5.8
蛋白	170	28.1
塔塔粉	1	0.2
细砂糖	90	14.9
总和	**606**	**100.0**

注：无盐奶油隔水加热或直接以小火加热至融化。

NOTE ‖

\# 面粉快拌匀时再加入糖渍柠檬皮，柠檬皮的香气会不易分散，香气较明显。

\# 加入柠檬汁的面糊膨胀度会较差，在相同配方结构下，添加柠檬汁的面糊填入模具中时需放更多，成品才能有理想的体积。

\# 制作戚风蛋糕时，若焙烤完成的蛋糕体质量过大，倒扣冷却时蛋糕体就有可能会掉下来，所以可提高配方中蛋的比例，以增加整体面糊的膨胀力。不要使用蛋比例较低的配方来制作柠檬风味的戚风蛋糕体。

❶ 蛋黄先打散，慢慢加入融化好的无盐奶油，以打蛋器拌至乳化均匀。

❷ 加入鲜奶和柠檬汁拌匀。

❸ 隔水加热保温在40℃。

❹ 低筋面粉过筛加入（此步骤在蛋白霜快打发完成时操作）。

❺ 拌至快均匀时再加入糖渍柠檬皮，拌匀，完成蛋黄糊。

❻ 蛋白+塔塔粉，以打蛋器打至约5分发，将细砂糖分2次加入，打至半干性发泡，完成蛋白霜。

❼ 将蛋白霜分3次加入蛋黄糊中。

❽ 拌匀成面糊。

❾ 倒入中空戚风蛋糕模→敲泡→以竹签旋绕面糊使气泡均匀→再敲泡→入炉。

32升

上火190℃ | 下火180℃

中下层 | 网架 | 开旋风

约烤 30 分钟

❿ 出炉将热气敲出→倒扣在酒瓶上冷却→脱模即可。

红豆豆乳戚风

模具尺寸 >>	面糊质量 >>
6寸中空戚风蛋糕模	450克

INGREDIENTS /

材料	实际用量（克）	实际百分比（%）
自制红豆泥	75	15.7
蛋黄	60	12.6
无糖豆浆	30	6.3
无盐奶油	60	12.6
低筋面粉	60	12.6
蛋白	128	26.8
塔塔粉	1	0.2
二砂糖	64	13.4
总和	478	100.0

注：自制红豆泥参见P139，无盐奶油隔水加热至熔化或直接小火加热至熔化。

 **NOTE** ||

自制红豆馅只使用红豆和二砂糖煮制而成，市售红豆馅中可能添加油脂，若使用添加油脂的红豆馅制作蛋糕，蛋糕组织会更湿一些，若觉得太湿可再减少配方中油的用量。另外也要考虑纯红豆馅会影响蛋糕的香气及色泽的问题。

戚风蛋糕中若添加含淀粉的食材，如番薯泥或红豆泥等，会降低面糊的膨胀度，若添加入配方的食材过干，会降低蛋糕膨胀度。若要添加这类含淀粉的食材，需要注意食材水分、甜度和有无油脂成分，以进行配方调整。

蛋糕研究室

❶ 蛋黄先打散，加入自制红豆泥，以打蛋器搅拌均匀。

❷ 加入无糖豆浆，拌匀。

❸ 加入融化好的无盐奶油，拌匀。

❹ 隔水保温在 40℃。

❺ 低筋面粉过筛加入（此步骤在蛋白霜快打发完成时操作），拌匀，完成蛋黄糊。

❻ 蛋白+塔塔粉以打蛋器打至约5分发，将二砂糖分2次加入，打至半干性发泡，完成蛋白霜。

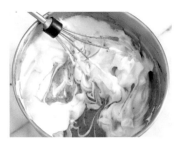

❼ 将蛋白霜分3次加入蛋黄糊中。

❽ 拌匀成面糊。

❾ 将面糊倒入中空戚风蛋糕模→敲泡→用竹签旋绕面糊使气泡均匀→再敲泡→入炉。

32升

上火200℃ | 下火190℃

中层 | 网架 | 开旋风

烤 27~28 分钟

❿ 出炉将热气敲出→倒扣在酒瓶上冷却→脱模即可。

炭焙乌龙茶香戚风

模具尺寸 >>	面糊质量 >>
6寸中空戚风蛋糕模	450克

INGREDIENTS /

材料	实际用量（克）	实际百分比（%）
蛋黄	80	16.9
色拉油	51	10.8
水	37	7.8
梅酒	12	2.5
低筋面粉	61	12.9
炭焙乌龙茶粉	12	2.5
蛋白	145	30.7
塔塔粉	1	0.2
细砂糖	74	15.6
总和	473	100.0

NOTE ‖

\# 食谱中使用一般家庭常用的32升烤箱，因为中空戚风蛋糕模较高，蛋糕在烤焙膨胀后，蛋糕表面会离烤箱顶部加热管太近，接近加热管的部分的焙烤颜色会较深，所以此时可使用旋风模式，让蛋糕的表面上色更均匀。

\# 梅酒可用白兰地或朗姆酒取代，或不添加酒类也可以，配方不需调整。

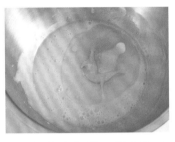

❶ 蛋黄先打散，慢慢加入
色拉油，以打蛋器拌至
乳化均匀。

❷ 加入水和梅酒拌匀。

❸ 低筋面粉、炭焙乌龙茶
粉过筛后加入。

❹ 拌匀，完成蛋黄糊。

❺ 蛋白+塔塔粉以打蛋器打
至约5分发，将细砂糖分
2次加入，打至半干性发
泡，完成蛋白霜。

❻ 将蛋白霜分3次加入蛋
黄糊中。

❼ 拌匀成面糊。

❽ 将面糊倒入中空戚风蛋糕模→敲
泡→以竹签旋绕面糊使气泡均匀→
再敲泡→入炉。

32升

上火200℃ I 下火180℃

中下层 I 网架 I 开旋风

约烤 26 分钟

❾ 出炉将热气敲出→倒扣于酒瓶上冷
却→脱模即可。

松软戚风蛋糕

模具尺寸 >>	面糊质量 >>
6寸中空戚风蛋糕模	450克

INGREDIENTS /

材料	实际用量（克）	实际百分比（%）
蛋黄	88	17.5
色拉油	56	11.1
水	40	8.0
低筋面粉	82	16.3
蛋白	158	31.4
塔塔粉	1	0.2
细砂糖	78	15.5
总和	503	100.0

RECIPE /

❶ 蛋黄先以打蛋器微微打发，加入色拉油拌打至乳化。

❷ 一边慢慢加入水，一边以打蛋器打至乳化均匀。

 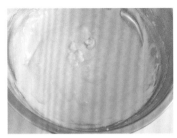 

❸ 低筋面粉过筛加入，拌匀。

❹ 完成蛋黄糊。

❺ 蛋白+塔塔粉以打蛋器打至约5分发，将细砂糖分2次加入，打至半干性发泡，完成蛋白霜。

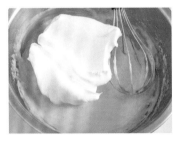  

❻ 将蛋白霜分2次加入蛋黄糊中。

❼ 拌匀成面糊。

❽ 将面糊倒入中空戚风蛋糕模→敲泡→用竹签旋绕面糊使气泡均匀→敲泡→入炉。

上火200℃ | 下火200℃

中下层 | 网架 | 开旋风

约烤 33 分钟

❾ 出炉将热气敲出→倒扣于酒瓶上冷却→脱模即可。

NOTE

松软戚风蛋糕的蛋比例比较高，而糖比例与原味奶油戚风或咖啡奶油戚风等以无盐奶油制作的中空戚风蛋糕相比则较低，相较之下口感较为轻盈松软。

蛋糕的绵密度或孔洞均匀度是评判蛋糕品质的标准，如果是配方中蛋比例较高的戚风蛋糕，蛋实际百分比约在**50%**，再搭配上比例较少的液体——如本配方中的液体，实际百分比为**8%**（或者更低的比例）——搅拌完成的面糊的含气量是较高的，即使入炉前有敲泡动作，也无法将空气完全敲出，需再搭配竹签旋绕面糊，面糊中所含的气泡才能更均匀一些。

无麸质米戚风蛋糕

模具尺寸 >>	面糊质量 >>
6寸中空戚风蛋糕模	450克

INGREDIENTS /

材料	实际用量（克）	实际百分比（%）
蛋黄	83	17.3
色拉油	54	11.2
水	38	7.9
蓬莱米粉	81	16.8
蛋白	149	31.0
塔塔粉	1	0.2
细砂糖	75	15.6
总和	481	100.0

RECIPE /

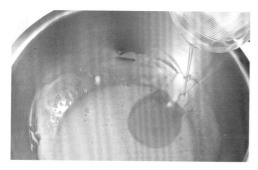

❶ 蛋黄先以打蛋器微微打发，加入色拉油拌打至乳化。

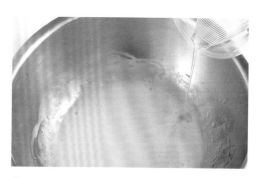

❷ 一边慢慢加入水，一边以打蛋器打至乳化拌匀。

③ 蓬莱米粉过筛加入，拌匀。

④ 完成蛋黄糊。

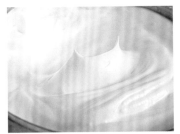

⑤ 蛋白+塔塔粉以打蛋器打至约5分发，将细砂糖分2次加入，打至半干性发泡，完成蛋白霜。

⑥ 将蛋白霜分3次加入蛋黄糊中。

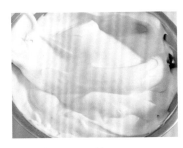

⑦ 拌匀成面糊。

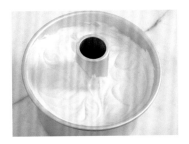

⑧ 将面糊倒入中空戚风蛋糕模→敲泡→用竹签旋绕面糊使气泡均匀→再敲泡入炉。

32升 上火200℃ ∣ 下火190℃

中下层 ∣ 网架 ∣ 开旋风

约烤 33 分钟

⑨ 出炉将热气敲出→倒扣在酒瓶上冷却→脱模即可。

 NOTE ∥

\# 蓬莱米粉可等比例替换成低筋面粉，但低筋面粉制作出的蛋糕组织会较软，替换时要掌握两点原则：一是充分烘焙；二是配方中粉的实际百分比不要低于15%，若粉量太低又使用低筋面粉，蛋糕组织会更软。

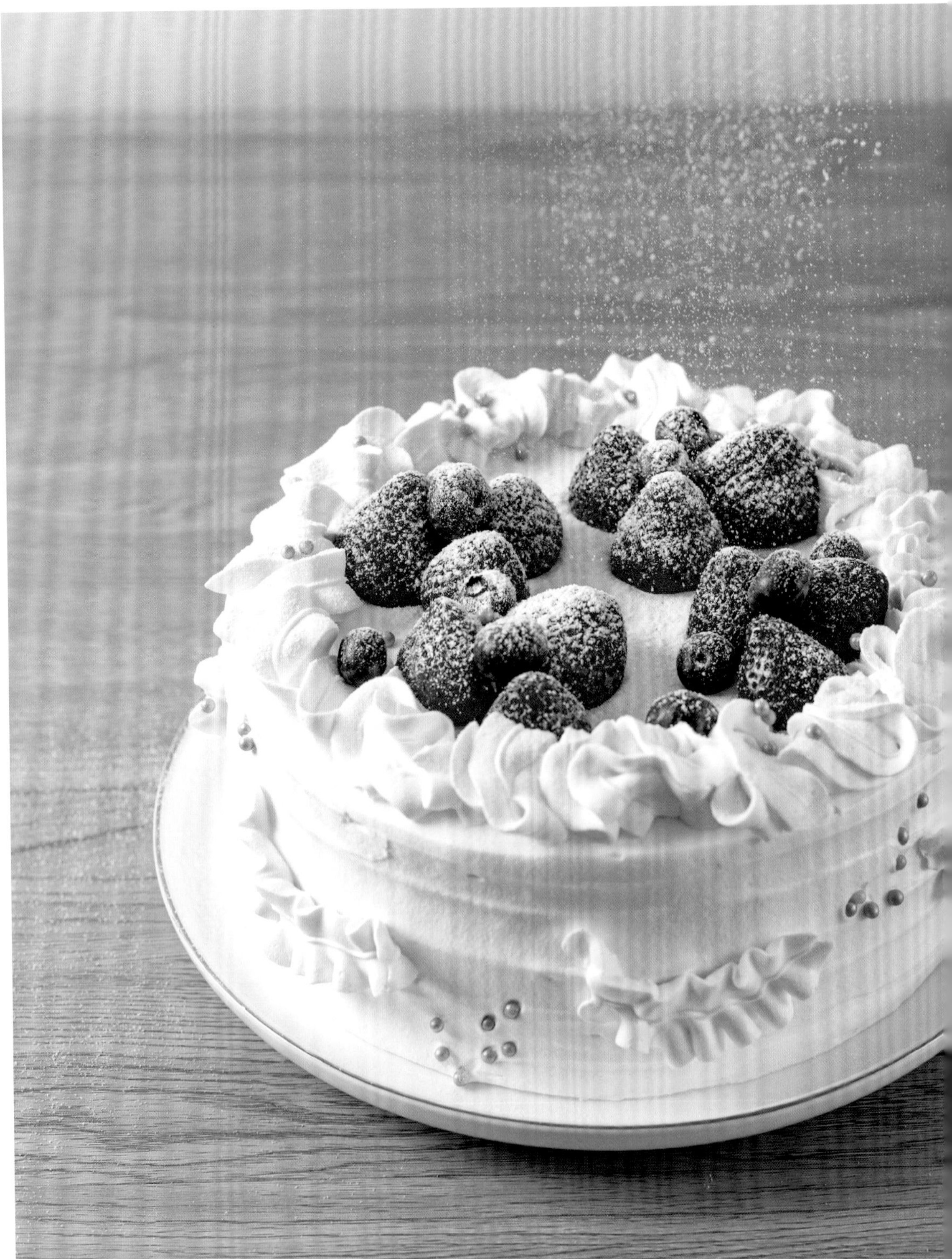

实心戚风蛋糕

草莓鲜奶油蛋糕

模具尺寸 >>

8寸圆形活动蛋糕模

面糊质量 >>

450克

INGREDIENTS /

材料	实际用量（克）	实际百分比（%）
蛋黄	70	15.0
色拉油	55	11.8
新鲜柳橙汁	10	2.1
水	50	10.7
低筋面粉	70	15.0
蛋白	140	30.1
塔塔粉	0.5	0.1
细砂糖	70	15.0
总和	**465.5**	**100.0**

打发鲜奶油 /

植物性鲜奶油	**300克**
动物性鲜奶油	**150克**

注：植物性鲜奶油先以打蛋器打发，再分次慢慢加入动物性鲜奶油并打发，再加入下一次的动物性鲜奶油再打发，直到动物性鲜奶油加完为止。

装饰用食材 /

新鲜草莓	适量
新鲜蓝莓	适量
金色食用糖珠	适量
防潮糖粉	适量

如何打发鲜奶油

打发鲜奶油常用于蛋糕表面装饰或夹馅，植物性鲜奶油容易打发，硬挺度也高，非常适合挤花，但动物性鲜奶油的风味更佳，所以本书使用的"打发鲜奶油"将二者中和，以植物性鲜奶油：动物性鲜奶油＝2：1的配比打发使用。操作时，先将植物性鲜奶油打发，再缓缓加入动物性鲜奶油打至所需发度即可。

奶油一般打到拉起不滴落，拉起的尖角有弯钩状时约为7分发，适合涂抹蛋糕表面装饰；打到拉起尖角不下垂，呈硬挺状时约为9分发，适合当作夹馅或用作挤花。

打发鲜奶油时要注意

＊工具干净且干燥，不可有水分或油脂。

＊保持低温避免水油分离。使用保冷性好的不锈钢盆，事先将工具放入冰箱冷藏冰镇，打发时可在盆底部垫一盆冰水，帮助鲜奶油保持低温。

❶ 蛋黄+色拉油，以打蛋器打至乳化拌匀。

❷ 新鲜柳橙汁+水混合均匀，加入拌匀。

❸ 低筋面粉过筛加入，拌匀，完成蛋黄糊。

❹ 蛋白+塔塔粉以打蛋器打至约5分发，将细砂糖分2次加入，打至半干性发泡，完成蛋白霜。

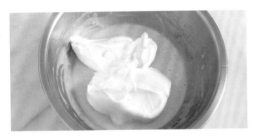

❺ 将蛋白霜分3次加入蛋黄糊中。

❻ 拌匀成面糊。

❼ 将面糊倒入蛋糕模→敲泡→入炉。

上火200℃ | 下火190℃

中下层 | 网架 | 开旋风

约烤 35 分钟

❽ 出炉将热气敲出→倒扣冷却→脱模即可。

RECIPE / 组合

❾　奶油戚风蛋糕体以锯齿刀均匀切成三片→第一片蛋糕以抹刀
　　抹一层打发的鲜奶油。

❿　摆上新鲜草莓片→再抹一层打发的鲜奶油→叠上第二片蛋
　　糕，夹入第二层馅料→叠上第三片蛋糕。

⓫　依序在顶部、侧面抹上打发鲜奶油→以抹刀抹平→侧面用抹
　　刀随意抹出线条。

1	2	3
4	5	6
7	8	9
10	11	12

⓬　将打发鲜奶油装入花嘴挤花袋，于顶部外围挤一圈奶油花装
　　饰→侧面也点缀一些奶油花→摆上新鲜草莓和新鲜蓝莓→侧
　　面用金色食用糖珠点缀→撒上防潮糖粉即可。

NOTE ||

\# 戚风蛋糕要制作成鲜奶油蛋糕时，基本上都会将蛋糕分切成三片，夹入两层馅料，表面抹上打发鲜奶油再放上装饰物。若戚风蛋糕体太过柔软，支撑度不足，很容易变形，整体外观就不够美观。

要制作有支撑度的蛋糕，粉的实际百分比不要低于**15%**，若粉比例下调，蛋糕很容易因外部压力而变形，但若粉百分比超过**20%**，蛋糕焙烤膨胀度会变差，口感也会略干。

\# 配方中的油及糖都有增加蛋糕保湿度的功效，糖会比油更有利于蛋糕的支撑度，所以配方中糖量也不要低于**15%**。若是油脂用量太高，蛋糕支撑度不会更好，且触摸表面可能会有油腻感。

所以若希望蛋糕不容易变形，如本书中的中空戚风蛋糕，切片后放置隔天也不希望其出现太明显的收缩，糖量与粉量（包含淀粉量）之一的比例就需稍微调高，但若二者比例都调高，蛋糕也可能会过干。

P200 ~ 202   >>   蓝莓戚风蛋糕

P203 ~ 205 >> 黑森林蛋糕

蓝莓戚风蛋糕

模具尺寸 >>	面糊质量 >>
6寸圆形活动蛋糕模	250克

INGREDIENTS /

材料	实际用量（克）	实际百分比（%）
蛋黄	42	15.1
天然蓝莓粉	7	2.5
色拉油	27	9.7
100%蔓越莓汁	30	10.8
低筋面粉	40	14.4
玉米粉	4	1.4
蛋白	85	30.6
塔塔粉	0.5	0.2
细砂糖	42	15.1
总和	**277.5**	**100.0**

打发鲜奶油 /

植物性鲜奶油	**200克**
动物性鲜奶油	**100克**

注1：植物性鲜奶油先以打蛋器打发，再分次慢慢加入动物性鲜奶油并打发，再加入下一次的动物性鲜奶油再打发，直到动物性鲜奶油加完为止。

蓝莓鲜奶油 /

植物性鲜奶油	**50克**
天然蓝莓粉	**3克**

注2：植物性鲜奶油＋天然蓝莓粉稍微拌匀，以打蛋器打至所需发度即可。

装饰用食材 /

新鲜蓝莓	适量
防潮糖粉	适量

 **NOTE** ‖

\# 蛋糕中间夹层可夹入带果粒的蓝莓果酱，或是将蓝莓果酱拌入些许打发鲜奶油再夹入，都可增加蓝莓的风味。

RECIPE / 蓝莓戚风蛋糕体

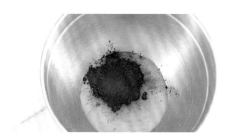

❶ 蛋黄+蓝莓粉，搅拌均匀。

❷ 加入色拉油，以打蛋器打至乳化拌匀。

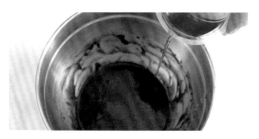

❸ 蔓越梅汁加入拌匀。

❹ 低筋面粉+玉米粉过筛加入。

❺ 拌匀，完成蛋黄糊。

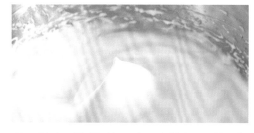

❻ 蛋白+塔塔粉以打蛋器打至约5分发，将细砂糖分2次加入，打至半干性发泡，完成蛋白霜。

❼ 将蛋白霜分3次加入蛋黄糊中。

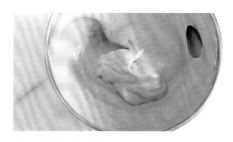

❽ 拌匀成面糊。

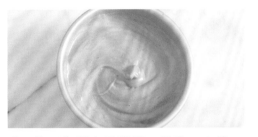

上火200℃｜下火190℃

中下层丨带铁盘预热丨无旋风

烤 20~21 分钟

⑨　将面糊倒入蛋糕模→敲泡→入炉。

⑩　出炉将热气敲出→倒扣冷却→脱模
　　即可。

RECIPE / 组合

⑪　蓝莓戚风蛋糕体以锯齿刀均匀切成三片→第一片蛋糕以抹刀
　　抹一层打发鲜奶油。

⑫　叠上第二片蛋糕→抹一层打发鲜奶油→叠上第三片蛋糕→依
　　序在蛋糕顶部、侧面抹上鲜奶油。

⑬　以抹刀修饰抹平→将蓝莓鲜奶油装入挤花袋，挤在蛋糕表面装饰。

1	2	3
4	5	6
7	8	9
10	11	

⑭　摆上新鲜蓝莓→撒上防潮糖粉即可。

黑森林蛋糕

模具尺寸 >>

8寸圆形活动蛋糕模

面糊质量 >>

450克

INGREDIENTS /

材料	实际用量（克）	实际百分比（%）
色拉油	54	11.3
可可粉	18	3.8
蛋黄	78	16.3
水	43	9.0
细砂糖（A）	17	3.5
低筋面粉	64	13.3
蛋白	137	28.5
塔塔粉	1	0.2
细砂糖（B）	68	14.2
总和	480	100.0

注1　此处所做的可可戚风蛋糕体除了是黑森林蛋糕基底外，也用于P 208的提拉米苏蛋糕。

打发鲜奶油/

植物性鲜奶油	300克
动物性鲜奶油	150克

注2　植物性鲜奶油先以打蛋器打发，再分次慢慢加入动物性鲜奶油并打发，再加入下一次的动物性鲜奶油再打发，直到动物性鲜奶油加完为止。

装饰用食材/

黑樱桃罐头	1罐
巧克力碎屑	适量
新鲜草莓	适量

注3　将罐头中的黑樱桃沥干备用，沥出的糖水留下用于制作蛋糕酒糖液。

蛋糕酒糖液/

黑樱桃罐头糖水	70克
朗姆酒	30克

注4　混合均匀备用。

NOTE ‖

\# 制作夹馅的鲜奶油蛋糕，若戚风蛋糕体冷却后直接取出切片、夹馅及抹面，蛋糕体会太软，建议放入冰箱冷藏或冷冻，使抹面作业更易操作。已完成的鲜奶油蛋糕也可通过冷藏定形，使其分切时不易变形。

蛋
糕
研
究
室

❶ 色拉油以中小火加热至出现油纹，
　熄火，加入可可粉拌匀。

❷ 蛋黄先打散，加入可可色拉油拌匀。

❸ 再加入水拌匀。

❹ 细砂糖（A）加入拌匀，低筋面粉
　过筛加入。

❺ 拌匀，完成蛋黄糊。

❻ 蛋白+塔塔粉以打蛋器打至约5分
　发，将细砂糖（B）分2次加入，
　打至半干性发泡，完成蛋白霜。

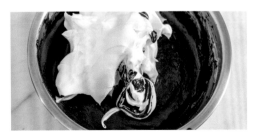

❼ 将蛋白霜分3次加入蛋黄糊中。

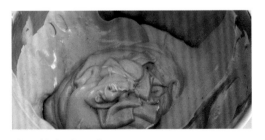

❽ 拌匀成面糊。

上火200℃｜下火180℃

中下层｜网架｜无旋风

约烤 30 分钟

9 将面糊倒入蛋糕模→敲泡→入炉。

10 出炉将热气敲出→倒扣冷却→脱模即可。

RECIPE / 组合

11 可可戚风蛋糕体以锯齿刀均匀切成三片→第一片蛋糕均匀刷上蛋糕酒糖液→抹一层打发鲜奶油→放上黑樱桃→再抹一层鲜奶油。

12 叠上第二片蛋糕→夹入第二层馅料→盖上第三片蛋糕片，并在蛋糕片表面刷蛋糕酒糖液。

13 依序在蛋糕顶部、侧面抹上打发鲜奶油→以抹刀修饰抹平→于蛋糕表面粘附巧克力碎屑。

1	2	3
4	5	6
7	8	9
10	11	12

14 蛋糕表面以小抹刀或筷子戳出6个小洞→挤上打发鲜奶油→放上新鲜草莓→撒上防潮糖粉即可。

<< P204 ~ 205 可可戚风蛋糕体

P208~210　>>　提拉米苏蛋糕

提拉米苏蛋糕

模具尺寸 >>

8寸慕斯框2个

慕斯质量 >>

500克 / 个

INGREDIENTS /

材料	实际用量（克）	实际百分比（%）
奶油乳酪	150	13.8
马斯卡邦乳酪	150	13.8
细砂糖	90	8.3
蛋黄	40	3.7
鲜奶	45	4.1
明胶片	5片	
动物性鲜奶油	600	55.3
咖啡利口酒	10	0.9
总和	**1085**	**100.0**

注1：奶油乳酪放室温下软化备用；明胶片
泡冰水，软化后沥干备用；动物鲜奶
油打至8分发，冷藏备用。

蛋糕体 /

8寸可可戚风蛋糕　1个

注2：蛋糕材料和做法见
P204 ~ 205。（1个蛋糕体可
完成2个提拉米苏。）

咖啡利口酒糖液 /

黑咖啡	**50 克**
细砂糖	**10 克**
咖啡利口酒	**50 克**

注3：混合均匀备用。

装饰用食材 /

防潮可可粉	适量

 **NOTE** ||

\# 慕斯要拌入鲜奶油前，需将其冷却。若慕斯温度太高，拌入打发鲜奶油时，慕斯会太稀，流动性很高，口感会稍差；若冷却温度太低，明胶凝结，会有拌不开的可能性。

\# 制作慕斯时通常拌入打发鲜奶油。鲜奶油打得比较发（将鲜奶油打至8分发就算是打得比较发），拌好的慕斯流动性比较低，因为其空气含量较多，慕斯体积相对较大，口感会较好；鲜奶油打得不够发，制作出的慕斯会比较细腻，冷冻后的组织会较紧密结实，这两种做法都可以，制作时依个人喜好选择即可。

RECIPE / 乳酪慕斯

❶ 奶油乳酪以打蛋器打软，加入马斯卡邦乳酪打匀。

❷ 细砂糖+蛋黄+鲜奶搅拌均匀后，隔水加热至90℃，加入挤干水分的明胶片搅拌溶化。

❸ 将鲜奶与乳酪混合拌匀，隔冰水冷却至约20℃。

❹ 打发动物性鲜奶油再分3次加入，搅拌均匀，加入咖啡利口酒拌匀，完成乳酪慕斯。

RECIPE / 组合

❺ 可可戚风蛋糕体以锯齿刀均匀切成六片→慕斯框底部垫烘焙纸和烤盘→铺第一片可可戚风蛋糕。

❻ 将蛋糕体刷上咖啡利口酒糖液→填入乳酪慕斯→盖上第二片可可戚风蛋糕。

❼ 填入第二层乳酪慕斯并盖上第三片可可戚风蛋糕→在第三片可可戚风蛋糕上再刷咖啡利口酒糖液→在蛋糕表面抹一层薄薄的乳酪慕斯→抹平→移入冰箱冷冻至凝固。

❽ 取出→以喷枪加热慕斯框边缘→脱框→在蛋糕表面撒上防潮可可粉即可。

off

off

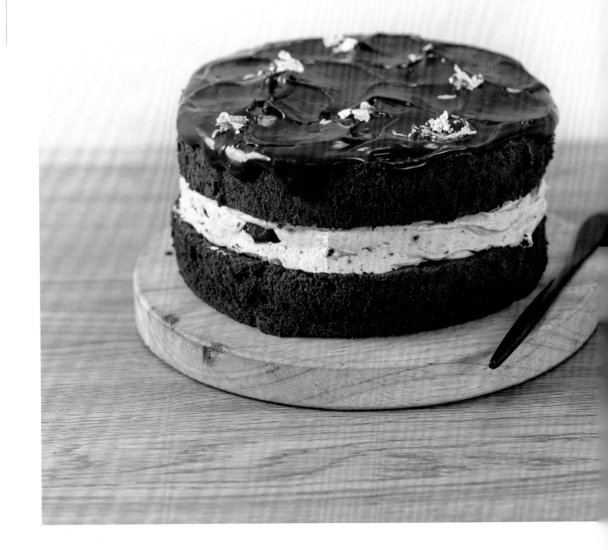

7%巧克力覆盆子蛋糕

模具尺寸 >>

6寸圆形活动蛋糕模

面糊质量 >>

280克

INGREDIENTS /

材料	实际用量（克）	实际百分比（%）
鲜奶	28	8.8
色拉油	34	10.7
细砂糖	11	3.5
可可粉	11	3.5
低筋面粉	30	9.4
苦甜巧克力	22	6.9
蛋黄	50	15.7
蛋白	88	27.6
塔塔粉	0.5	0.2
细砂糖	44	13.8
总和	318.5	100.0

软质巧克力 /

动物性鲜奶油	110克
透明麦芽糖	25 克
蛋黄	20 克
无盐奶油	10 克
苦甜巧克力	100 克

覆盆子鲜奶油 /

动物性鲜奶油	60 克
植物性鲜奶油	60 克
天然覆盆子粉	7 克

注：植物性鲜奶油＋天然
覆盆子粉拌匀，以打蛋器
打发，再缓缓加入动物性
鲜奶油打发至所需程度。

分量外食材 /

新鲜草莓	适量
食用金箔	少许

RECIPE / 7%巧克力戚风蛋糕体

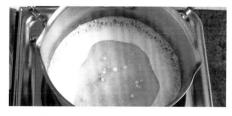

❶　鲜奶+色拉油+细砂糖煮滚冲入可可粉中拌匀。

❷ 加入苦甜巧克力拌匀，再加入蛋黄拌匀，隔水保温在40℃。

❸ 低筋面粉过筛加入（此步骤在
蛋白霜快打发完成时操作），
拌匀，完成蛋黄糊。

❹ 蛋白+塔塔粉以打蛋器打至约
5分发，细砂糖分2次加入，打
至湿性发泡，完成蛋白霜。

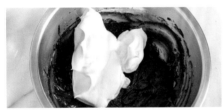

❺ 将蛋白霜分3次加入蛋黄糊中，拌匀成面糊。

上火190℃ | 下火180℃

中下层 | 网架 | 无旋风

约烤 26 分钟

❻ 将面糊倒入蛋糕模中→敲泡→
入炉。

❼ 出炉倒扣冷却→脱模→完成7%
巧克力戚风蛋糕体。

RECIPE / 组合

⑧ 将7%巧克力戚风蛋糕均匀切成两片→第一片蛋糕抹上覆盆子鲜奶油→摆满对切的新鲜草莓→再抹一层覆盆子鲜奶油→盖上第二片蛋糕→移入冰箱冷藏备用。

⑨ 蛋黄+麦芽糖拌匀，动物性鲜奶油煮滚加入，拌匀，隔水加热至85℃，加入苦甜巧克力拌至溶化均匀，再加入无盐奶油拌匀，冷却至以刮刀画出的纹路不会消失的程度，制成软质巧克力。

⑩ 将软质巧克力抹在蛋糕表面→以刮刀画出波浪纹→点缀少许食用金箔→冷藏定形即可。

NOTE

\# 蛋黄糊与蛋白霜结合的温度不要低于40℃，也不要使用冷藏蛋白打发。面糊温度过低蛋糕会有消泡情形，在冬天或低温环境中制作，可能要再提高些许温度。

\# 软质巧克力在离开冷藏室后，或在夏日的室温中置放过久时，会有微微融化的情况，若希望软质巧克力不受温度影响，可在上述配方中加入些许明胶片（建议加入约1克的明胶片），先将其泡水挤干，再加入苦甜巧克力中搅拌溶解。

\# 打发鲜奶油时，若温度不够低，则有可能不易打发，尤其上述的覆盆子鲜奶油材料的分量太少，倒入锅中时温度很容易上升，最好垫在冰水盆中进行打发。

蛋糕研究室

原味波士顿派

模具尺寸 >>	面糊质量 >>
8寸派盘备用	380克

INGREDIENTS /

材料	实际用量（克）	实际百分比（%）
蛋白（A）	16	3.9
蛋黄	68	16.6
细砂糖（A）	8	1.9
色拉油	48	11.7
鲜奶	32	7.8
低筋面粉	64	15.6
玉米粉	6.4	1.6
蛋白（B）	112	27.3
塔塔粉	0.4	0.1
细砂糖（B）	56	13.6
总和	410.8	100.0

打发鲜奶油 /

植物性鲜奶油	150克
动物性鲜奶油	75克

注：植物性鲜奶油先以打蛋器打发，再分次慢慢加入动物性鲜奶油并打发，再加入下一次的动物性鲜奶油再打发，直到动物性鲜奶油加完为止。

分量外食材 /

防潮糖粉	适量

 **NOTE** ‖

\# 可使用两个同款式的马克杯或罐头，先用派盘量好两个马克杯的距离，出炉则可直接倒扣冷却。

\# 若蛋糕焙烤不足或底火温度太低，倒扣冷却时蛋糕会掉下来。若底火温度太强，焙烤时蛋糕会膨胀得很大，但出炉冷却后会剧烈收缩，蛋糕表面皱褶会很明显。

❶ 蛋黄+蛋白（A），先以打蛋器
打散。

❷ 加入细砂糖（A）打匀，慢慢
加入色拉油拌匀，再加入鲜奶
拌匀。低筋面粉+玉米粉过筛加
入，拌匀，完成蛋黄糊。

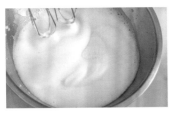 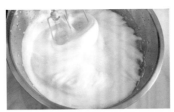 

❸ 蛋白（B）+塔塔粉以打蛋器打至约5分发，将细砂糖（B）分2次加入，打至半
干性发泡，完成蛋白霜。

❹ 将蛋白霜分3次加入蛋黄糊中，拌匀成面糊。

❺　将面糊倒入8寸派盘中→敲泡→以软刮板将表面抹圆→入炉。

上火210℃ | 下火170℃

中下层 | 带铁盘预热 | 无旋风

约烤 28 分钟

❻　出炉将热气敲出。

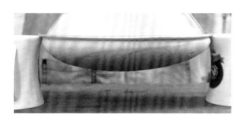

❼　倒扣冷却→翻回正面将蛋糕对半切开→脱模。

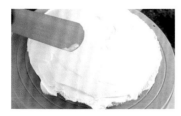

❽　在蛋糕体间夹入打发鲜奶油→表面再抹一层打发鲜奶油→撒上防潮糖粉即可。

巧克力波士顿派

模具尺寸 >>	面糊质量 >>
8寸派盘备用	380克

INGREDIENTS /

材料	实际用量（克）	实际百分比（%）
色拉油	48	11.5
可可粉	16	3.8
细砂糖（A）	8	1.9
蛋黄	68	16.3
蛋白（A）	16	3.8
鲜奶	40	9.6
低筋面粉	46	11.0
玉米粉	6	1.4
蛋白（B）	112	26.9
塔塔粉	1	0.2
细砂糖（B）	56	13.4
总和	**417**	**100.0**

打发鲜奶油/

植物性鲜奶油	**150克**
动物性鲜奶油	**75克**

注：植物性鲜奶油先以打
蛋器打发，再分次慢慢加
入动物性鲜奶油并打发，
再加入下一次的动物性鲜
奶油，再打发，直到动物
性鲜奶油加完为止。

分量外食材/

防潮糖粉	适量

NOTE ‖

\# 植物性鲜奶油稳定性较高，但甜度固定，所以加入动物性鲜奶油打发以降低甜度
及提升风味，若不想准备两种鲜奶油，二择一使用也可以。

\# 使用桌面搅拌机打发鲜奶油力度较强，打发速度较快，若使用手持电动搅拌机打
发鲜奶油，一定要注意鲜奶油温度是否够低，若其温度上升，很容易出现打不发
的情形。

RECITE /

❶ 色拉油以中小火加热至出现油纹，熄火，加入可可粉拌匀，再加入细砂糖（A）拌匀。

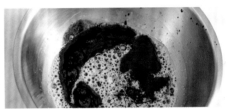

❷ 蛋黄+蛋白（A）+鲜奶搅拌均匀，将可可色拉油加入拌匀。

❸ 低筋面粉+玉米粉过筛加入，搅拌均匀，完成蛋黄糊。

❹ 蛋白（B）+塔塔粉以打蛋器打至约5分发，将细砂糖（B）分2次加入，打至半干性发泡，完成蛋白霜。

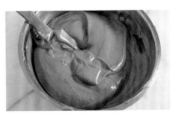

❺ 将蛋白霜分3次加入蛋黄糊中，拌匀成面糊。

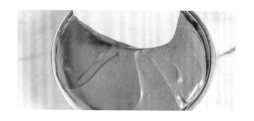

❻ 将面糊倒入8寸派盘中→敲泡→以软刮板将表面抹圆→入炉。

上火210℃ ｜ 下火170℃

中下层 ｜ 带铁盘预热 ｜ 无旋风

约烤 27 分钟

❼ 出炉将热气敲出。

❽ 倒扣冷却→翻回正面将蛋糕对半切开→脱模。

❾ 在蛋糕体间夹入打发鲜奶油→撒上防潮糖粉即可。

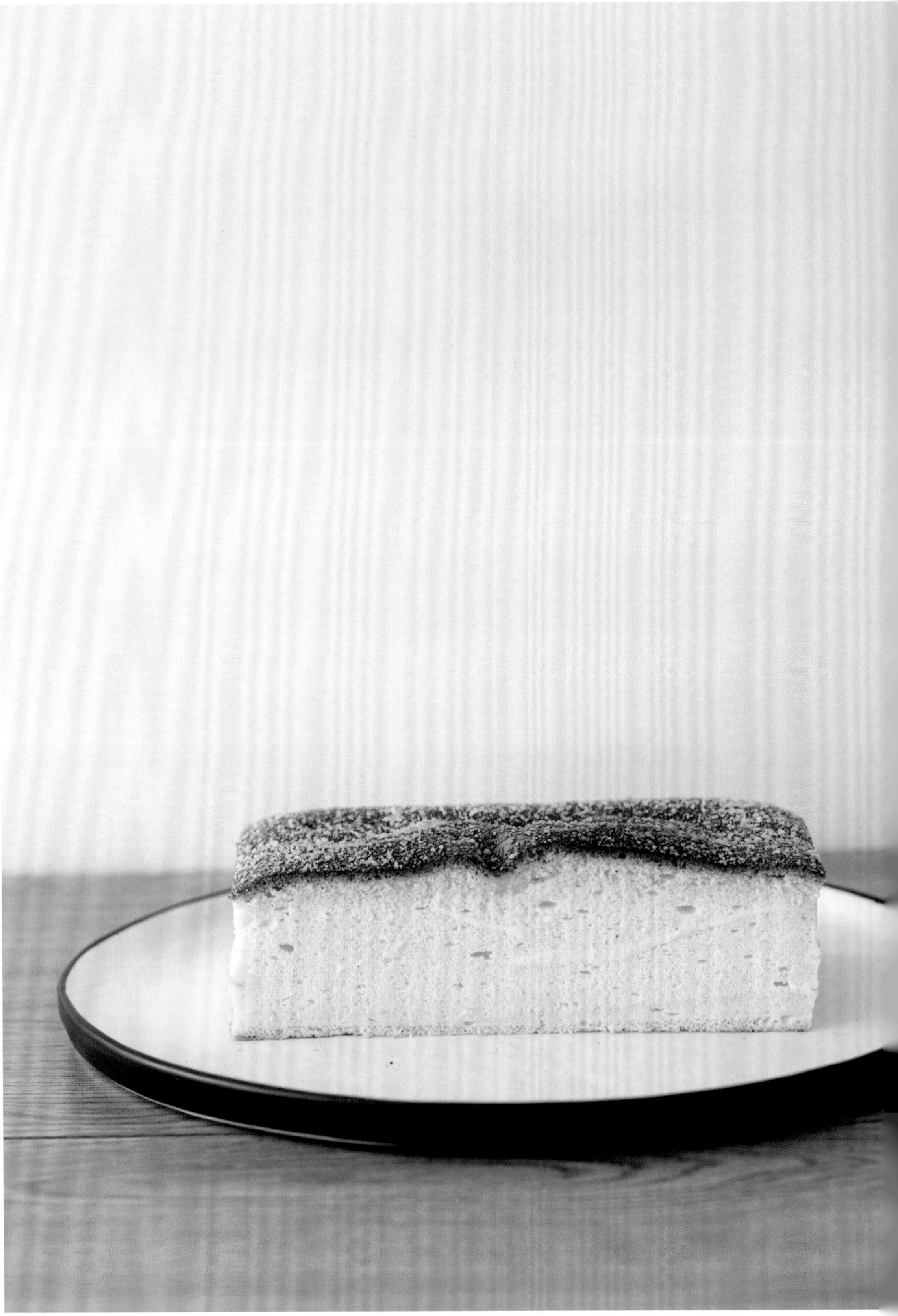

古早味起司蛋糕

模具尺寸 >>

长22厘米 × 宽22厘米 × 高7.5厘米
铺入白报纸备用

面糊质量 >>

770 克

INGREDIENTS /

材料	实际用量（克）	实际百分比（%）
鲜奶	100	12.4
色拉油	45	5.6
细砂糖（A）	15	1.9
盐	2	0.2
低筋面粉	115	14.2
玉米粉	15	1.9
蛋黄	155	19.2
蛋白	240	29.7
塔塔粉	2	0.2
细砂糖（B）	120	14.8
总和	**809**	**100.0**

分量外食材/

起司片	4片
帕玛森起司粉	适量

NOTE ‖

\# 家庭式烤箱控温能力及温度稳定性不及商业用的烤箱，所以使用家用烤箱时若设定的上火及下火温差较大，建议让烤箱从冷却状态开始预热，烤箱中实际温度才能更贴近设定温度。

蛋糕研究室

❶ 鲜奶+色拉油+细砂糖（A）+盐，以中小火煮滚。

❷ 冲入已过筛的低筋面粉和玉米粉中，搅拌均匀。

❸ 蛋黄分2次加入拌匀，完成蛋黄糊。

❹ 蛋白+塔塔粉以打蛋器打至约5分发，细砂糖（B）分2次加入，打至湿性发泡，完成蛋白霜。

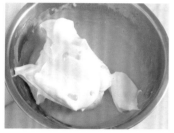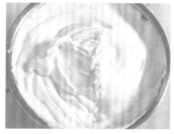

❺ 将蛋白霜分3次加入蛋黄糊中，拌匀成面糊。

❻ 将一半的面糊倒入模中→抹平→铺上起司片→倒入剩余面糊→抹平→敲泡→撒上帕玛森起司粉→入炉。

上火175℃ | 下火100℃

最下层 | 网架 | 无旋风

约烤 70 分钟

❼ 烤至40分钟时将模具转90度（让原本在烤箱前后两侧的蛋糕面，转变为在烤箱左右两侧）→出炉将热气敲出→抓住两侧白报纸将蛋糕取出移至冷却架上→翻面取下白报纸后再翻面冷却即可。

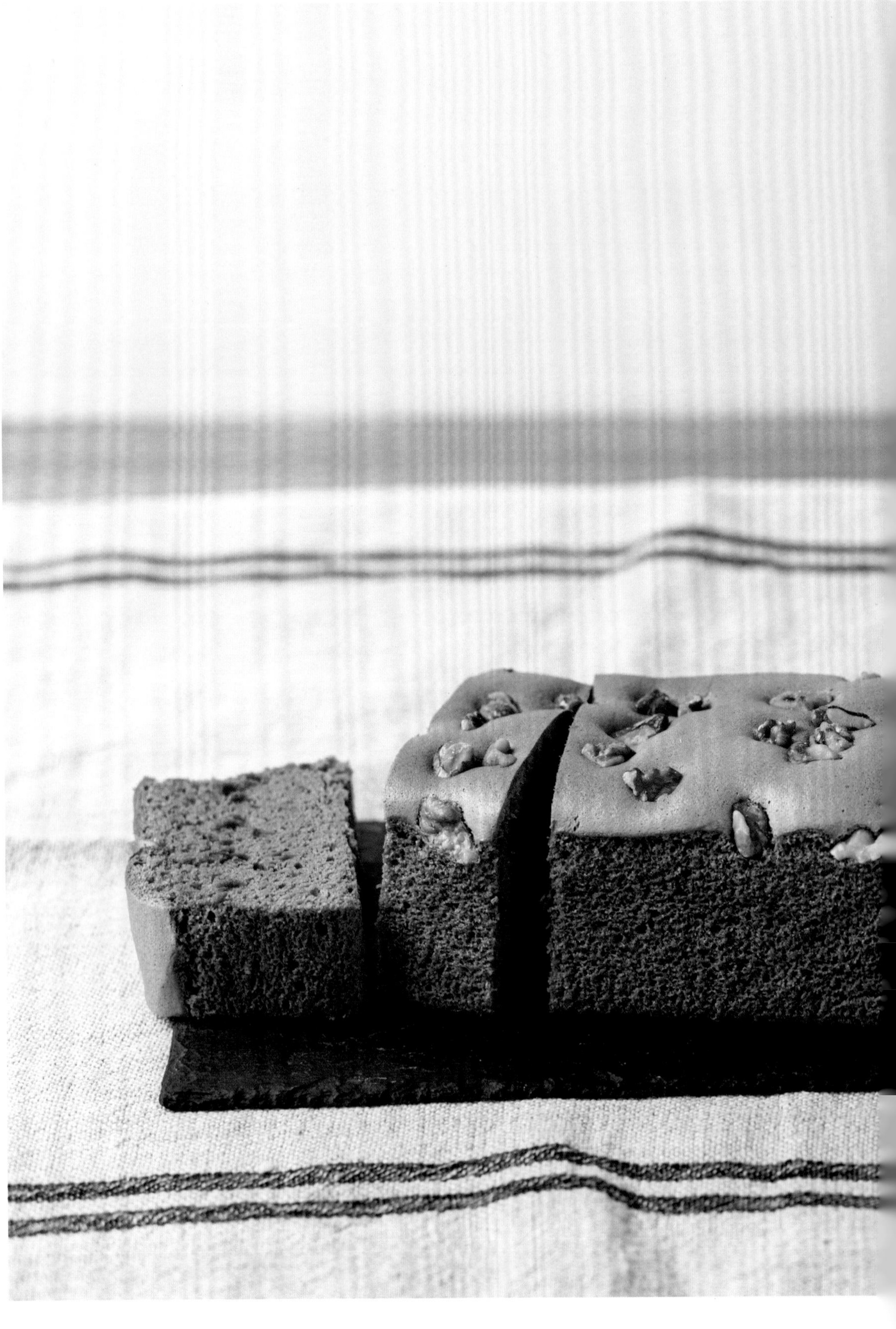

古早味咖啡核桃蛋糕

模具尺寸 >>

长22厘米 × 宽22厘米 × 高7.5厘米
铺入白报纸备用

面糊质量 >>

800克

INGREDIENTS /

材料	实际用量（克）	实际百分比（%）
鲜奶	80	9.7
色拉油	45	5.4
细砂糖（A）	26	3.1
（烘焙用）即溶咖啡粉	15	1.8
低筋面粉	115	13.9
玉米粉	10	1.2
贝礼诗奶油利口酒	20	2.4
蛋黄	155	18.7
蛋白	240	29.0
塔塔粉	2	0.2
细砂糖（B）	120	14.5
总和	**828**	**100.0**

分量外食材 /

1/8核桃	适量

NOTE ‖

\# 配方中若油的添加比例偏低，蛋与糖的比例就不宜过低，否则蛋糕的口感可能会偏干。

❶ 鲜奶+色拉油+细砂糖（A）以中小火煮滚，加入即溶咖啡粉拌至溶化均匀。

❷ 冲入过筛的低筋面粉和玉米粉中，搅拌均匀。

 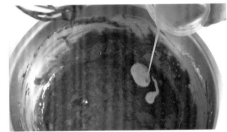

❸ 蛋黄分2次加入拌匀，加入贝礼诗奶油利口酒拌匀，完成蛋黄糊。

❹ 蛋白+塔塔粉以打蛋器打至约5分发，将细砂糖（B）分2次加入，打至湿性发泡，完成蛋白霜。

⑤　将蛋白霜分3次加入蛋黄糊中，拌匀成面糊。

⑥　将面糊倒入模中→抹平→敲泡→
　　撒上核桃→入炉。

上火180℃ | 下火100℃

最下层 | 网架 | 无旋风

约烤 70 分钟

⑦　烤至40分钟时将模具转90度（让原本在烤箱前后两侧的蛋糕面，转
　　变为在烤箱左右两侧）→出炉将热气敲出→抓住蛋糕两侧白报纸将
　　蛋糕取出移至冷却架上→翻面取下白报纸后再翻面冷却即可。

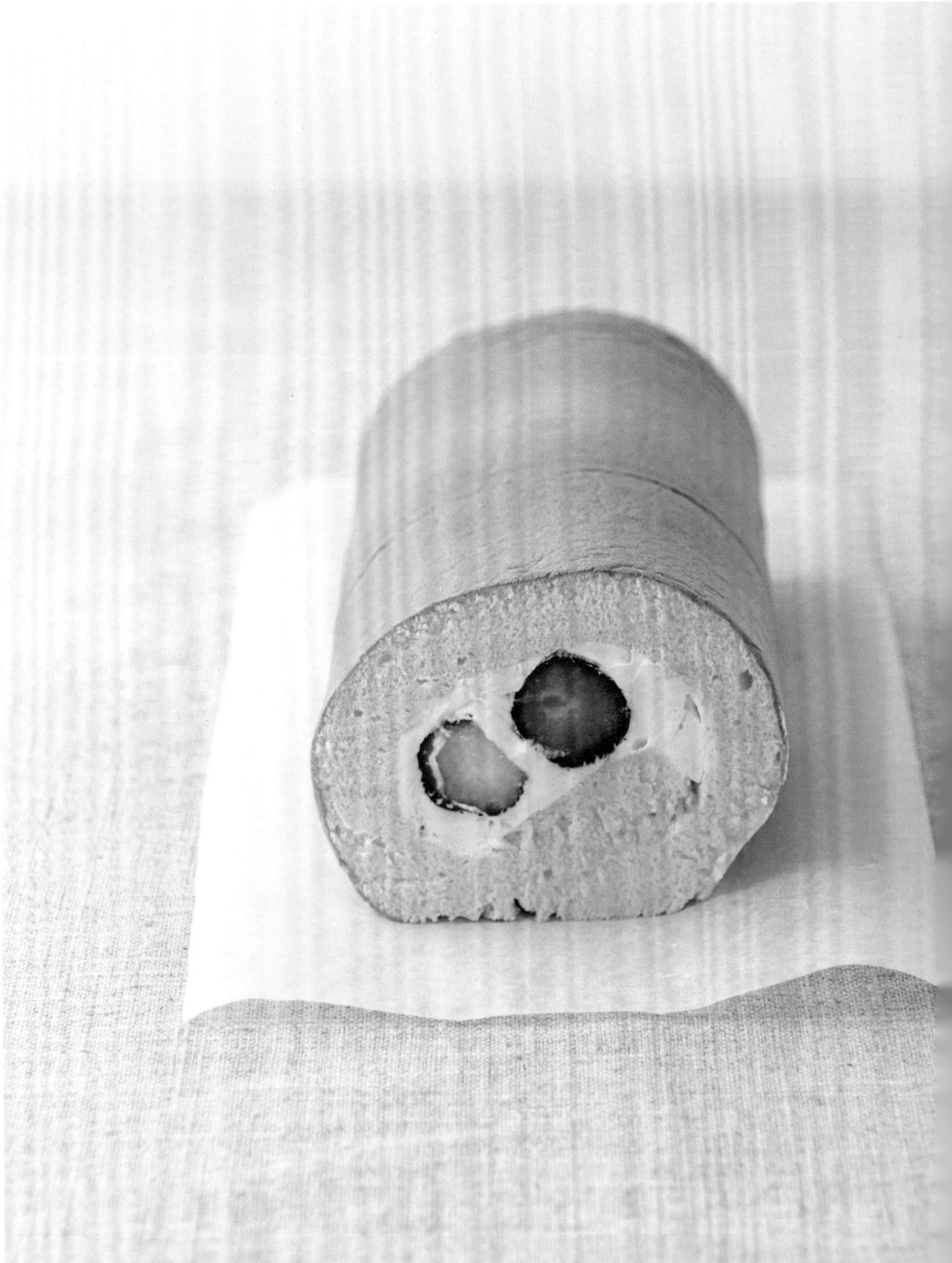

平盘戚风蛋糕—蛋糕卷

草莓戚风生乳卷

模具尺寸 >>

长32厘米 × 宽22厘米 × 高2.8厘米
铺入白报纸备用

面糊质量 >>

480克

INGREDIENTS /

材料	实际用量（克）	实际百分比（%）
蛋黄	115	23.0
蜂蜜	15	3.0
色拉油	20	4.0
鲜奶	50	10.0
低筋面粉	70	14.0
玉米粉	5	1.0
蛋白	150	29.9
塔塔粉	1	0.2
细砂糖	75	15.0
总和	**501**	**100.0**

打发鲜奶油 /

植物性鲜奶油	100克
动物性鲜奶油	50 克

注：植物性鲜奶油先以打
蛋器打发，再分次慢慢加
入动物性鲜奶油并打发，
再加入下一次的动物性鲜
奶油再打发，直到动物性
鲜奶油加完为止。

分量外食材 /

新鲜草莓	适量

 **NOTE** ‖

\# 若在焙烤过程中蛋糕膨胀太过，出炉冷却后收缩时其表面就容易有皱折，蛋糕卷
　卷起后表面会不够美观。

RECICE /

蛋
糕
研
究
室

❶ 蛋黄先打散，加入蜂蜜拌匀，一边慢慢加入色拉油和鲜奶，一边以打蛋器打至乳化均匀。

❷ 低筋面粉+玉米粉过筛加入。

❸ 搅拌均匀，完成蛋黄糊。

❹ 蛋白+塔塔粉以打蛋器打至约5分发，将细砂糖分2次加入，打至半干性发泡，完成蛋白霜。

❺ 将蛋白霜分3次加入蛋黄糊中，拌匀成面糊。

❻ 将面糊全部倒入烤盘→抹平→
　敲泡→入炉。

上火210℃ ┃ 下火180℃

中下层 ┃ 网架 ┃ 无旋风

约烤 19 分钟

❼ 出炉将热气敲出→将蛋糕移出烤盘置于冷却架上→将蛋糕周围白报
　纸撕开→静置冷却。

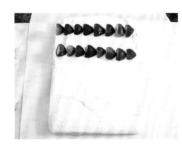  

❽ 待蛋糕冷却→盖上白报纸翻面→撕除白报纸（蛋糕要直向卷起）→抹上打发鲜
　奶油*→铺上对切的草莓→卷起→将外围白报纸卷紧放入冰箱冷藏至定形即可。

＊ ┃ 靠近蛋糕中间的鲜奶油可抹厚一点，蛋糕
　　尾端的鲜奶油则越薄越好，若蛋糕尾端的
　　鲜奶油太厚，卷到最后鲜奶油会溢出来。

芒果巧克力生乳卷

模具尺寸 >>

长32厘米×宽22厘米×高2.8厘米
铺入白报纸备用

面糊质量 >>

480克

INGREDIENTS /

材料	实际用量（克）	实际百分比（%）
鲜奶	50	9.9
色拉油	25	4.9
可可粉	20	4.0
蛋黄	115	22.7
蜂蜜	15	3.0
低筋面粉	55	10.9
蛋白	150	29.6
塔塔粉	1	0.2
细砂糖	75	14.8
总和	**506**	**100.0**

打发鲜奶油 /

植物性鲜奶油	**100**克
动物性鲜奶油	**50** 克

注：植物性鲜奶油先以打蛋器打发，再分次慢慢加入动物性鲜奶油并打发，再加入下一次的动物性鲜奶油再打发，直到动物性鲜奶油加完为止。

分量外食材 /

新鲜芒果	适量（切条）

 **NOTE ‖**

\# 制作生乳卷或是中间卷入大量鲜奶油的蛋糕卷时，蛋糕体不需过于湿润。本配方降低油脂用量（实际百分比为**4.9%**），使整体蛋糕口感较干爽，再搭配大量鲜奶油，口感才不会过于湿腻。

❶ 鲜奶+色拉油煮滚。

❷ 冲入可可粉中，拌匀。

❸ 加入蛋黄和蜂蜜，拌匀。

❹ 加入低筋面粉拌匀，完成蛋黄糊。

❺ 蛋白+塔塔粉以打蛋器打至约5分发，将细砂糖分2次加入，打至半干性发泡，完成蛋白霜。

❻ 将蛋白霜分3次加入蛋黄糊中。

❼　拌匀成面糊。

❽　将面糊全部倒入烤盘→抹平→
　　敲泡→入炉。

上火210℃ | 下火180℃

中下层 | 网架 | 无旋风

约烤 19 分钟

❾　出炉将热气敲出→将蛋糕移出烤盘
　　置于冷却架上→将蛋糕周围白报纸
　　撕开→静置冷却。

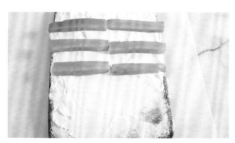

❿　待蛋糕冷却 ﹐盖上白报纸翻面→撕除白报纸（蛋糕要直向卷起）→抹
　　上打发鲜奶油*→铺上切条芒果→卷起→将外围白报纸卷紧放入冰箱
　　冷藏至定形即可。

*　┃　靠近蛋糕中间的鲜奶油可抹厚一点，蛋糕尾
　　　┃　端的鲜奶油则越薄越好，若蛋糕尾端的鲜奶
　　　┃　油太厚，卷到最后鲜奶油会溢出来。

蛋糕研究室

虎皮蛋糕卷

模具尺寸 >>

长32厘米 × 宽22厘米 × 高2.8厘米（2个）
铺入白报纸备用

面糊质量 >>

戚风蛋糕体 **380**克
"虎皮" **150**克

INGREDIENTS /

[戚风蛋糕体]

材料	实际用量（克）	实际百分比（%）
蛋黄	56	13.9
细砂糖（A）	28	7.0
盐	1	0.2
色拉油	44	10.9
鲜奶	32	8.0
低筋面粉	64	15.9
蜂蜜	8	2.0
蛋白	112	27.9
塔塔粉	1	0.2
细砂糖（B）	56	13.9
总和	**402**	**100.0**

["虎皮"]

材料	实际用量（克）	实际百分比（%）
蛋黄	110	65.1
细砂糖	37	21.9
玉米粉	22	13.0
总和	**169**	**100.0**

注1．"虎皮"面糊量较少，进行打发的效果会稍差，选择小一点的容器，打发效果会较好。

奶油霜 /

蛋白	45克
糖粉	90克
无盐奶油	200克
起酥油	120克

注2．若奶油霜未使用完，可放置于阴凉处或冷藏保存，使用时取回将其打发即可。若想要制作常温奶油霜，可将无盐奶油改为人造奶油，打发后奶油霜会更加稳定。

\# 夏天温度较高时，虎皮蛋糕等戚风蛋糕很容易发霉，因此在制作这类蛋糕时，可降低配方中的水分，提高糖及油的用量，让蛋糕更易保存。

❶ 蛋黄先打散，加入蜂蜜、细砂糖（A）及盐，以打蛋器搅打至细砂糖溶化，缓缓加入色拉油拌至乳化均匀，再加入鲜奶拌匀。

❷ 低筋面粉过筛加入，拌匀完成蛋黄糊。

❸ 蛋白+塔塔粉以打蛋器打至约5分发，将细砂糖（B）分2次加入，打至半干性发泡，完成蛋白霜。

❹ 将蛋白霜分3次加入蛋黄糊中，拌匀成面糊。

 32升 上火180℃ | 下火160℃

中层 | 网架 | 无旋风

约烤 16 分钟

❺ 将面糊倒入烤盘→抹平→敲泡→入炉。

❻ 出炉将热气敲出→将蛋糕移出烤盘置于冷却架上→将蛋糕周围白报纸撕开→静置冷却。

RECIPE / "虎皮"

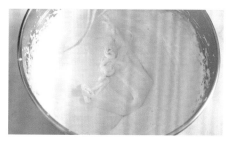

⑦ 将蛋黄打散加入细砂糖及玉米粉打发至无流动性→倒入烤盘→抹平→入炉。

上火220℃ | 下火180℃

最上层 | 网架 | 无旋风

约烤 8 分钟

⑧ 出炉→将蛋糕移出烤盘置于冷却架上→将蛋糕周围白报纸撕开→静置冷却。

⑨ 蛋白+糖粉拌匀→隔水加热至85℃→以打蛋器打发。

⑩ 加入室温软化的无盐奶油和起酥油，继续打发均匀即完成奶油霜。

RECIPE / "组合"

⑪ 将"虎皮"盖上白报纸翻面→撕除白报纸→抹上奶油霜→盖上戚风蛋糕体*→抹上奶油霜→卷起→将外围白报纸卷紧→放入冰箱冷藏至定形即可。

* | 蛋糕只需2/3部分重叠，将戚风蛋糕置于"虎皮"中间即可。

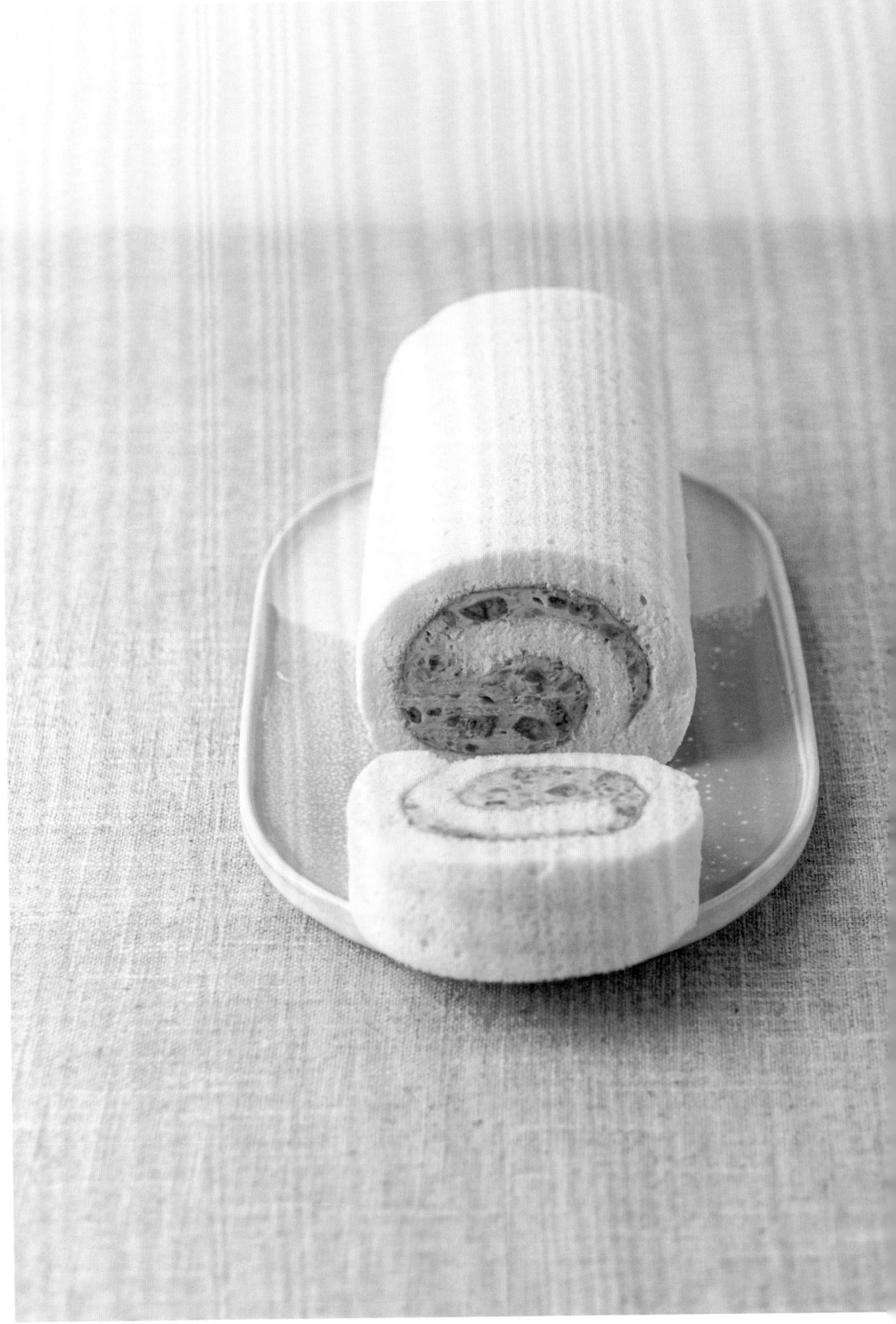

芋头鲜奶蛋糕卷

模具尺寸 >>

长32厘米 × 宽22厘米 × 高2.8厘米
铺入白报纸备用

面糊质量 >>

380克

INGREDIENTS /

材料	实际用量（克）	实际百分比（%）
色拉油	49	12.3
低筋面粉	65	16.3
细砂糖（A）	24	6.0
盐	2	0.5
鲜奶	56	14.0
蛋黄	45	11.3
蛋白	106	26.5
塔塔粉	1	0.3
细砂糖（B）	52	13.0
总和	**400**	**100.0**

芋头奶油/

新鲜芋头	350 克
细砂糖	55 克
盐	1 克
无盐奶油	21 克
植物性鲜奶油	85 克
动物性鲜奶油	85 克
白兰地	6 克

 **NOTE ‖**

\# 此配方以烫面方式制作面糊，配方中蛋的比例为**37.8%**（蛋黄＋蛋白），是本书中蛋比例最低的戚风蛋糕，虽然蛋比例过低会影响到蛋糕的口感，但通过烫面步骤，可使面粉糊化，提高蛋糕的口感及湿润度。

\# 在低蛋比例的配方中，要注意砂糖用量不宜过低，否则蛋糕的口感会变差。

RECIPE / 芋头奶油馅

❶ 新鲜芋头切成约1厘米厚的片，放入电锅蒸软至以手指可轻易将芋头压碎的程度。

❷ 取出趁热拌入细砂糖和盐，再拌入无盐奶油，静置到完全冷却。

❸ 植物性鲜奶油先以打蛋器打发，分次加入动物性鲜奶油再打发，拌入芋头泥，再加入白兰地拌匀，冷藏备用即可。

RECIPE / 戚风蛋糕体－烫面

  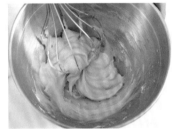

❹ 色拉油以中小火加热至100℃，倒入低筋面粉中，搅拌均匀。

❺ 加入细砂糖（A）、盐及鲜奶，拌匀，加入蛋黄搅拌均匀，完成蛋黄糊。

⑥ 蛋白+塔塔粉以打蛋器打至约5分发，将细砂糖（B）分2次加入，打至接近干性发泡，完成蛋白霜。

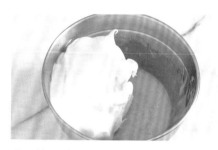

⑦ 将蛋白霜分3次加入蛋黄糊中，拌匀成面糊。

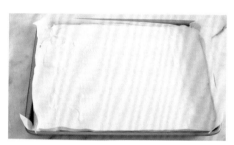
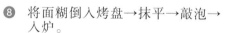

上火180℃ | 下火160℃

中层 | 网架 | 无旋风

约烤 15 分钟

⑧ 将面糊倒入烤盘→抹平→敲泡→入炉。　⑨ 出炉将热气敲出→将蛋糕移出烤盘置于冷却架上→将蛋糕周围白报纸撕开→静置冷却。

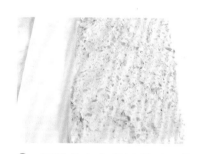

⑩ 蛋糕盖上白报纸翻面→撕除白报纸，再翻面→于烤面抹上芋头奶油*→卷起→将外围白报纸卷紧→放入冰箱冷藏至定形即可。

* 靠近蛋糕中间的芋头奶油可抹厚一点，蛋糕尾端的芋头奶油越薄越好，若蛋糕尾端的芋头奶油太厚，卷到最后芋头奶油会溢出来。

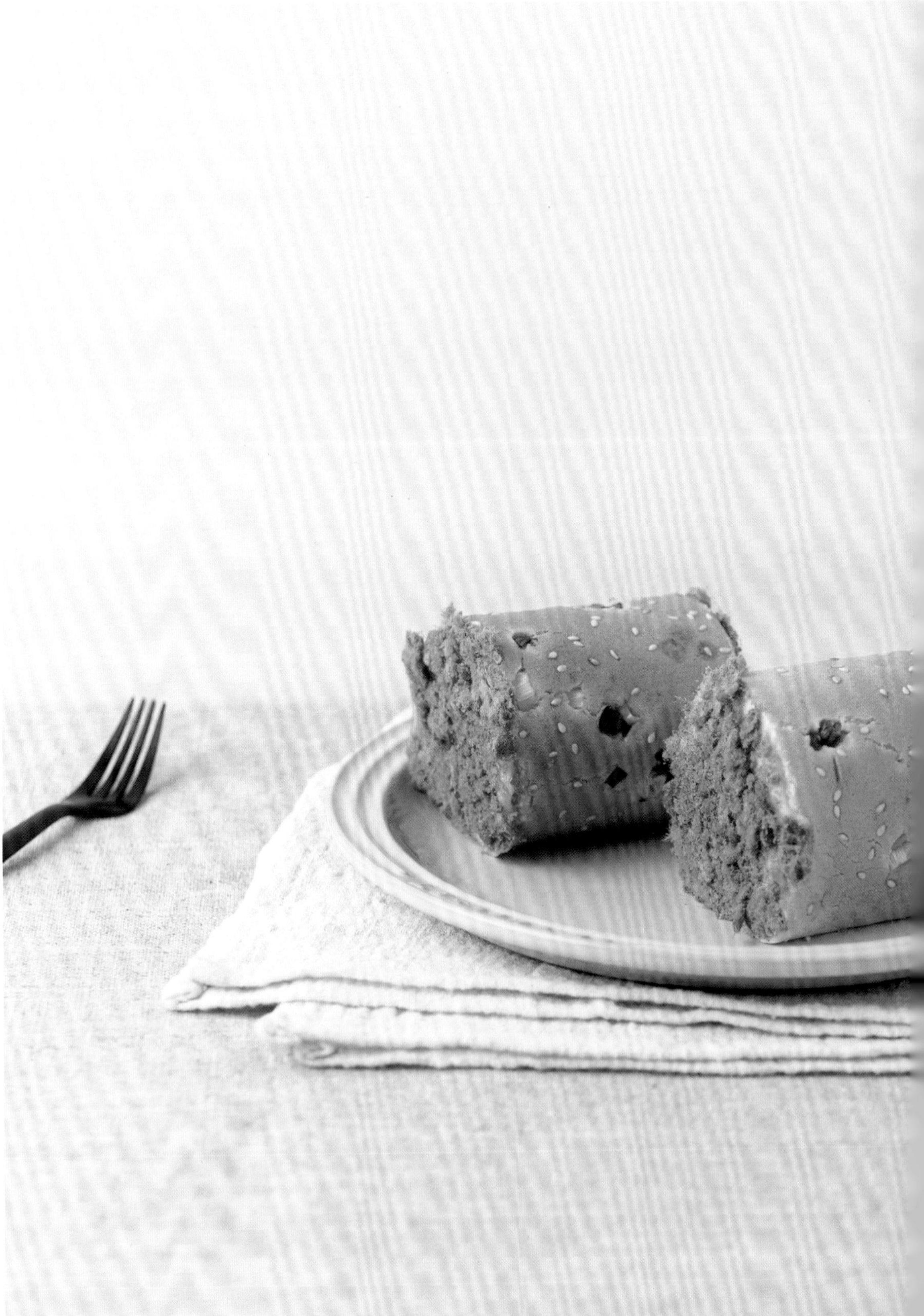

鹅油葱花肉松卷蛋糕

模具尺寸 >>	面糊质量 >>
长32厘米×宽22厘米×高2.8厘米 铺入白报纸备用	390克

INGREDIENTS /

材料	实际用量（克）	实际百分比（%）
鲜奶	40	9.7
色拉油	22	5.4
鹅油葱酥	35	8.5
盐	2	0.5
蛋黄	70	17.0
低筋面粉	78	19.0
蛋白	125	30.4
塔塔粉	1	0.2
细砂糖	38	9.2
总和	411	100.0

咸葱花 /

新鲜葱花	适量
盐	适量
色拉油	适量
全蛋液	适量

分量外食材 /

白芝麻	适量
蛋黄酱	适量
肉松	适量

RECIPE / 咸葱花

葱花中撒少许盐抓匀→加入色拉油拌匀→加入全蛋液拌匀即可。

» 不需强调咸度，少量盐即可，太多盐会使葱花出水。

» 色拉油只需让葱花表面都粘上即可，不需添加过多，否则会渗入碗底。

» 全蛋液也只需让葱花表面都能裹上即可，其功能是帮助葱花附着在蛋糕表面。

❶ 鲜奶+色拉油+鹅油葱酥+盐以中小火加热至沸腾后，徐徐倒入蛋黄中拌打至乳化均匀。

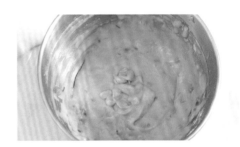

❷ 低筋面粉过筛加入，搅拌均匀，完成蛋黄糊。

❸ 蛋白+塔塔粉以打蛋器打至约5分发，将细砂糖一次加入，打至半干性发泡，完成蛋白霜。

❹ 将蛋白霜分3次加入蛋黄糊中。

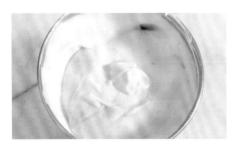

❺ 拌匀成面糊。

❻ 将面糊倒入烤盘→抹平→敲泡→撒上咸葱花和白芝麻→入炉。

上火210℃ | 下火180℃

中层 | 网架 | 无旋风

约烤 16 分钟

❼ 出炉将热气敲出→将蛋糕移出
烤盘置于冷却架上→将蛋糕周
围白报纸撕开→静置冷却。

 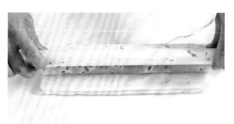

❽ 蛋糕盖上白报纸翻面→撕除白报纸（蛋糕要横向卷起）→均匀抹上
色拉酱→撒上肉松→卷起→将外围白报纸卷紧定形。

❾ 分切→切面两端抹上色拉酱→粘上肉松即可。

 NOTE ‖

\# 此配方是本书中含糖量最低的配方，添加比例为 **9.2%**。减少糖用量会使蛋糕焙烤膨胀
度变差。但若配方中砂糖用量降低，油脂用量就不要再减少，若两者一并减少，蛋糕
体会过干，卷蛋糕时可能会裂掉，蛋糕表面也会缺乏光泽度。

\# 鹅油葱酥可在网上买到，也可使用猪油葱酥替代。在取用鹅油葱酥前，要先将鹅油葱
酥搅拌均匀，因为葱酥容易沉在瓶底。

Chapter 5   乳酪蛋糕

乳酪蛋糕食谱会利用奶油乳酪添加比例的不同及搅拌方式的差异，来改变蛋糕的口感及浓郁程度。

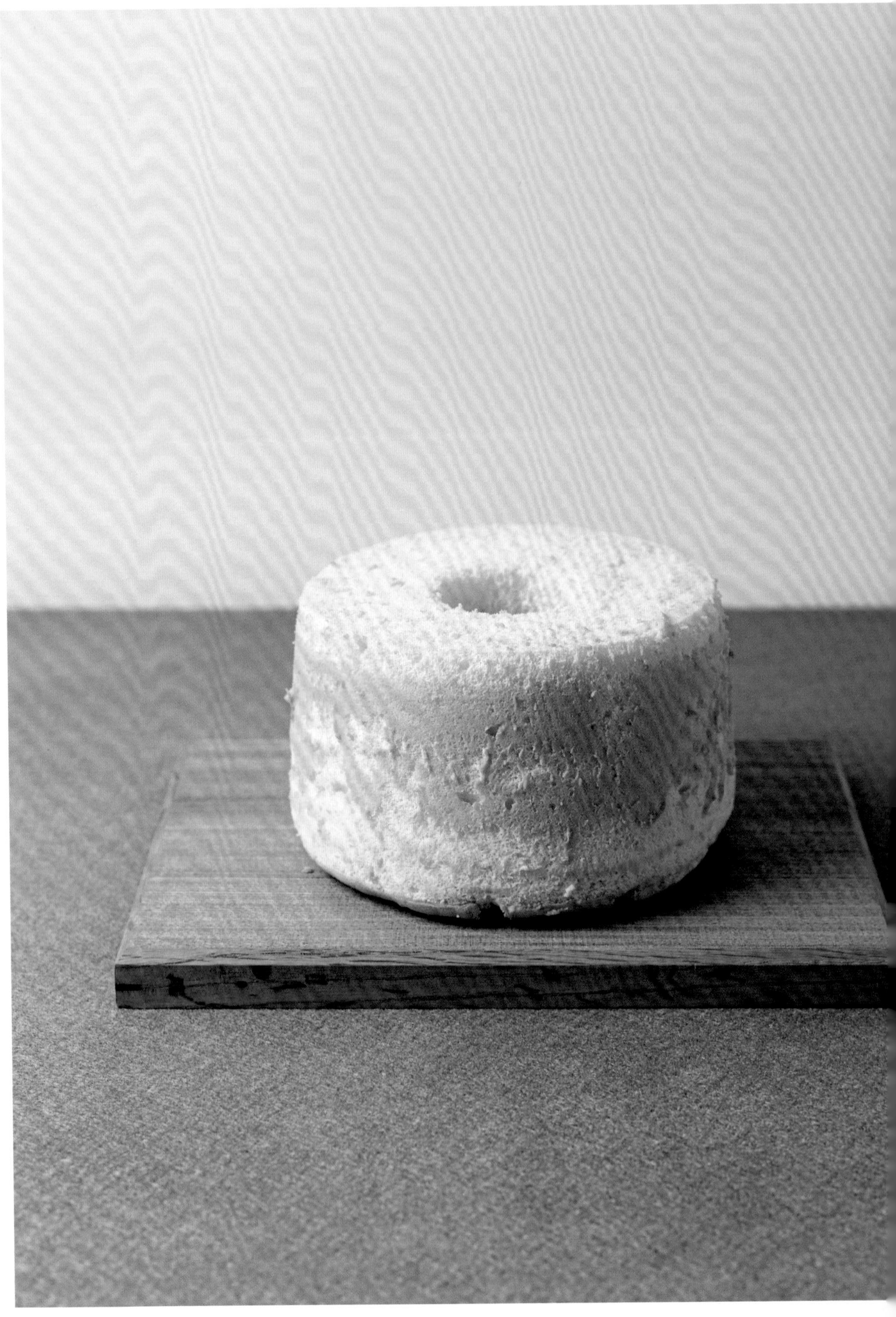

10%乳酪戚风蛋糕

模具尺寸 >>	面糊质量 >>
6寸中空戚风蛋糕模	450克

INGREDIENTS /

材料	实际用量（克）	实际百分比（%）
奶油乳酪	51	10.6
酸奶	22	4.5
鲜奶	42	8.7
无盐奶油	38	7.8
蛋黄	68	14.0
低筋面粉	46	9.5
玉米粉	13	2.7
蛋白	136	28.0
塔塔粉	1	0.2
细砂糖	68	14.0
总和	485	100.0

注：奶油乳酪置于室温下完全化冻备用，无盐奶油放在室温下软化备用。

 **NOTE** ||

\# 此配方中奶油乳酪用量较少，将其装入耐热塑料袋中压平，再放入温水中，很快就会软化，若隔水加热，奶油乳酪反而容易结粒。

\# 制作乳酪蛋糕时，若奶油乳酪结粒，奶油乳酪就无法百分之百溶入蛋糕面糊中，对于蛋糕风味及蛋糕组织都会有影响。

❶ 将奶油乳酪放入耐热塑料袋压平，放入温水中加热软化，打开塑料袋加入酸奶，隔塑料袋搓揉均匀，取出，刮入盆中，加入鲜奶，隔水加热拌匀。

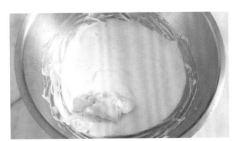 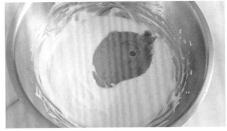

❷ 加入软化的无盐奶油拌匀，再加入蛋黄拌匀，隔水保温在42℃。

❸ 低筋面粉+玉米粉过筛加入（此步骤在蛋白霜快打发完成时操作），拌匀完成蛋黄糊。

❹ 蛋白+塔塔粉以打蛋器打至约5分发，将细砂糖分2次加入，打至半干性发泡，完成蛋白霜。

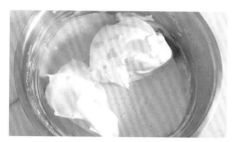 

❺　蛋白霜分3次加入蛋黄糊中，拌匀成面糊。

❻　将面糊倒入中空戚风蛋糕模→
敲泡→用竹签旋绕面糊使气泡
均匀→再敲泡→入炉。

上火190℃ | 下火190℃

中下层 | 网架 | 开旋风

约烤 26 分钟

❼　出炉将热气敲出→倒扣在酒瓶
上冷却→脱模即可。

25%轻乳酪蛋糕

模具尺寸 >>

8寸圆形固定蛋糕模
铺入底纸和围边纸（围边纸高度不要超过模具）

注1：准备8寸圆蛋糕厚纸底板和7寸圆蛋糕厚纸底板各1个（7寸底板用8寸的大约裁剪即可，也可使用活动蛋糕模的底片），在蛋糕脱模时使用。

面糊质量 >>

790克

INGREDIENTS /

材料	实际用量（克）	实际百分比（%）
奶油乳酪	200	24.9
鲜奶	130	16.1
无盐奶油	55	6.8
蛋黄	105	13.0
低筋面粉	15	1.9
玉米粉	25	3.1
蛋白	170	21.1
塔塔粉	1	0.1
细砂糖	105	13.0
总和	**806**	**100.0**

注2：将奶油乳酪置于室温下完全化冻备用；无盐奶油隔水加热或直接以小火加热至融化。

RECIPE /

❶　奶油乳酪打软至质地均匀。

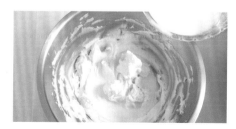

❷　鲜奶分3次加入，拌至均匀。

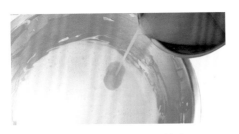

❸ 加入融化的无盐奶油拌匀。

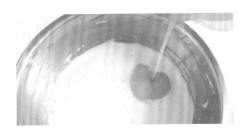

❹ 再加入蛋黄拌匀。

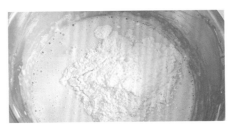

❺ 低筋面粉+玉米粉过筛加入拌匀，完成蛋黄糊，隔水加热保温于42℃（与蛋白霜结合温度不可低于40℃）。

❻ 蛋白+塔塔粉以打蛋器打至约5分发，将细砂糖分2次加入，打至湿性发泡，完成蛋白霜。

❼ 蛋白霜分3次加入蛋黄糊中。

❽ 拌匀成面糊。

❾ 将面糊倒入模具中→敲泡→放在深烤盘上。

⑩　深烤盘加水→入炉。

上火210℃ ｜ 下火130℃	上火150℃ ｜ 下火0℃
中层 ｜ 网架 ｜ 无旋风	中层 ｜ 网架 ｜ 无旋风
约烤 60 分钟	约烤 40 分钟

⑪　第Ⅱ段焙烤过程中烤盘水不可干掉。

⑫　出炉轻轻将热气敲出→降温到可以用手触摸模具的程度（小心烫伤）。

⑬　将7寸圆蛋糕厚纸底板放置于蛋糕表面，以手托住底板倒扣脱模→撕除底纸，盖上8寸圆蛋糕厚纸底板→翻回正面→撕除围边纸即可。

NOTE ‖

配方中添加无盐奶油，蛋黄糊拌入蛋白霜时，需恒温。若温度太低，蛋糕组织将不够细致，焙烤过程中蛋糕表面会爆裂。面糊搅拌时温度若不足，面糊融合度就会变差，焙烤后着色不均匀，上色度变深。

奶油乳酪要放置于室温下完全化冻，经搅拌后质地才会较均匀。若在冷藏状态直接隔水加热，外围乳酪会变得很软，而内部乳酪质地相对较硬，内外软硬度相差太大，一经搅拌内部乳酪就会变成小颗粒状，不易化开，再加入的其他材料也不会和小颗粒融合，面糊融合度会变差，蛋糕品质也会受到影响。

围边纸要使用烘焙纸，不要用白报纸，使用白报纸在撕除时容易将部分蛋糕也一并撕除。

蛋糕脱模时，可用小刀在围边纸与烤模间划一圈，若围边纸与模具间的附着力太高，会影响脱模的顺畅度，可在模具上抹上薄薄一层油，使蛋糕更易脱模。

蛋
糕
研
究
室

60%重乳酪蛋糕

模具尺寸 >>

8寸圆形固定蛋糕模
铺入底纸和围边纸（围边纸高度不要超过模具）

面糊质量 >>

980克

注1：准备8寸圆蛋糕厚纸底板和7寸圆蛋糕厚纸底板各1个（7寸底板用8寸大约裁剪即可，也可使用活动蛋糕模的底片），在脱模时使用。

INGREDIENTS /

材料	实际用量（克）	实际百分比（%）
奶油乳酪	600	59.9
柠檬汁	12	1.2
蛋黄	85	8.5
蛋白	170	17.0
塔塔粉	1	0.1
细砂糖	133	13.3
总和	1001	100.0

注2：将奶油乳酪置于室温下完全化冻备用。

 **NOTE**

\# 奶油乳酪只需放置于室温下至完全化冻，不需隔水加热。

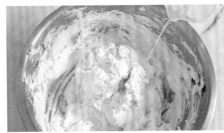

❶ 奶油乳酪打软至质地均匀，加入柠檬汁拌匀。

❷ 加入蛋黄拌匀，完成蛋黄糊。

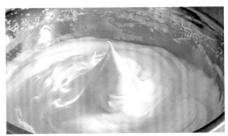

❸ 蛋白+塔塔粉以打蛋器打至约5分发，将细砂糖分3次加入，打至接近干性发泡，完成蛋白霜。

④　蛋白霜分3次加入蛋黄糊中，拌匀成面糊。

⑤　将面糊倒入模具中→敲泡→表面用刮板抹平。

 32升

上火220℃ | 下火120℃

中层 | 网架 | 无旋风

约烤 90 分钟

⑥　放在深烤盘上→深烤盘加水→入炉，出炉后轻轻将热气敲出→降温到可以用手触摸模具的程度（小心烫伤）→用7寸厚纸底板放置于蛋糕表面，以手托住底板倒扣脱模→撕除底纸，盖上8寸厚纸底板→翻回正面→撕除围边纸即可。

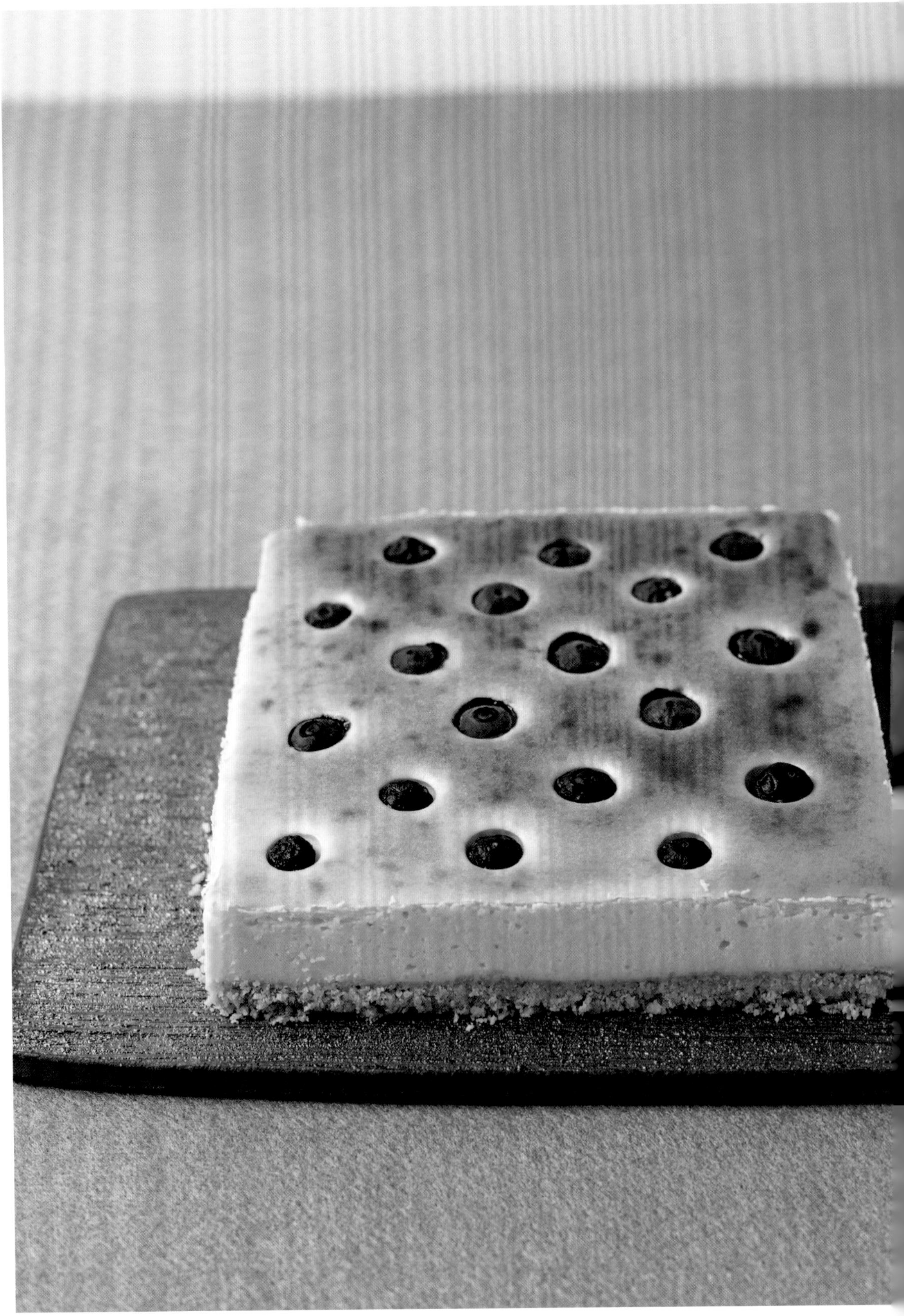

蓝莓重乳酪蛋糕

模具尺寸 >>

长**18**厘米 × 宽**18**厘米 × 高**5**厘米的慕斯框
底部用铝箔纸包起来，放在烤盘上备用

面糊质量 >>

850克

INGREDIENTS /

[乳酪蛋糕体]

材料	实际用量（克）	实际百分比（%）
奶油乳酪	500	57.1
细砂糖	130	14.9
玉米粉	27	3.1
无盐奶油	28	3.2
全蛋液	165	18.9
柠檬汁	25	2.9
总和	**875**	**100.0**

注：将奶油乳酪置于室温下完全化冻备用。无盐奶油隔水
加热或直接以小火加热至融化。

分量外食材 /

新鲜蓝莓	适量

[饼干底]

材料	实际用量（克）	实际百分比（%）
苏打饼干	150	65.2
糖粉	30	13.0
无盐奶油	50	21.8
总和	**230**	**100.0**

RECIPE / 饼干底

❶ 苏打饼干压碎→
加入过筛糖粉，
拌匀。

❷ 无盐奶油煮滚加入→
拌匀→铺入慕斯框中
→铺平压紧→入炉。

 上火160℃
下火160℃

❸ 烤至饼干均匀上色、有香气→出炉趁热再压平→冷却备用。

RECIPE / 乳酪蛋糕体

❹ 奶油乳酪搅拌至质地均匀，细砂糖+玉米粉充分混合均匀再加入，用刮刀拌至
无干粉状态后，以打蛋器轻轻打发。

❺ 加入融化好的无盐奶油，搅拌至乳化均匀。

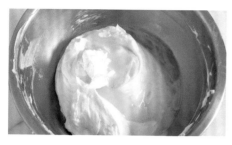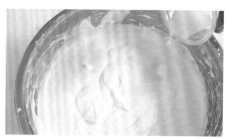

⑥ 全蛋液分3次加入，拌至乳化均匀，加入柠檬汁拌匀成乳酪面糊。

⑦ 将乳酪面糊倒入饼干底模具中→抹平→摆上新鲜蓝莓→入炉。

上火180℃ | 下火100℃

中层 | 无旋风

约烤 65 分钟

注：将乳酪蛋糕体前后两端上色较深，可用铝箔纸覆盖，待乳酪蛋糕体中间上色后再将铝箔纸取下。

⑧ 出炉冷却→脱模即可。

NOTE ‖

将新鲜蓝莓装饰在面糊表面时要轻压使其陷入面糊中。

乳酪蛋糕焙烤要充分，表面要上色，香气才会出来，蛋糕组织也不会过湿。

使用家庭烤箱，当设定上、下火温度差异较大时，要从烤箱完全冷却状态开始预热，烤箱内实际温度才会较为理想。

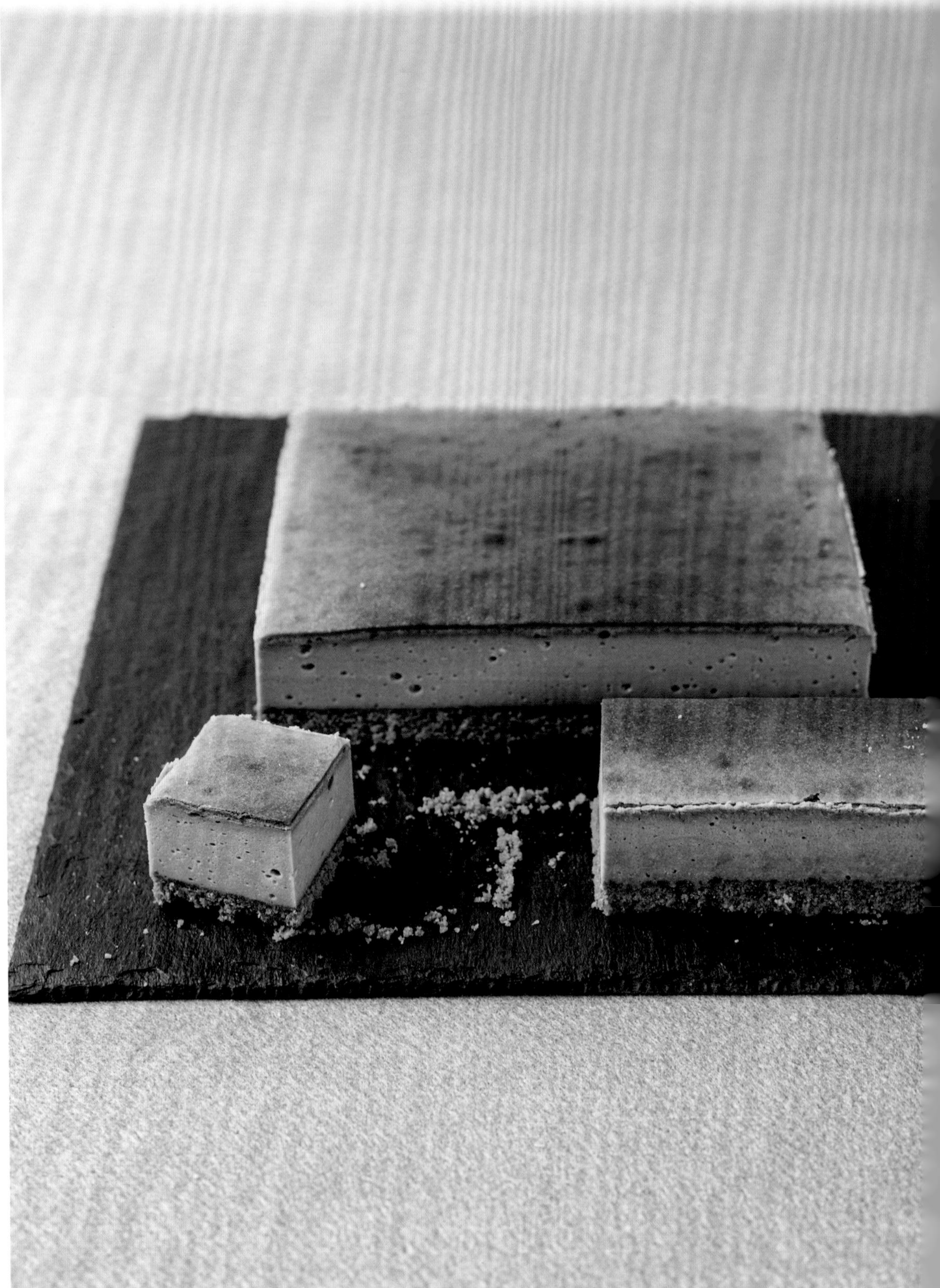

抹茶重乳酪蛋糕

模具尺寸 >>

长18厘米 × 宽18厘米 × 高15厘米的慕斯框
底部用铝箔纸包起来，放在烤盘上备用

面糊质量 >>

860克

INGREDIENTS /

[乳酪蛋糕体]

材料	实际用量（克）	实际百分比（%）
奶油乳酪	500	56.2
细砂糖	130	14.6
抹茶粉	18	2.0
玉米粉	18	2.0
无盐奶油	28	3.2
全蛋液	165	18.6
鲜奶	30	3.4
总和	889	100.0

注：将奶油乳酪置于室温下完全化冻备用。

[饼干底]

材料	实际用量（克）	实际百分比（%）
消化饼干	200	80.0
无盐奶油	50	20.0
总和	250	100.0

 **NOTE** ‖

\# 制作乳酪蛋糕虽然不需特别强调打发度，但若面糊搅拌不足甚至糖未完全溶解，
乳酪蛋糕组织就会较扎实，表面上色度也会不够均匀，若打发太过则会使乳酪蛋
糕组织过于松散。

RECIPE / 饼干底

❶ 将消化饼干压碎→煮滚无盐奶油加入→拌匀。

❷ 铺入慕斯框中→铺平压紧→入炉。

上火160℃
下火160℃

❸ 烤至饼干均匀上色、有香气→出炉趁热再压平→冷却备用。

RECIPE / 乳酪蛋糕体

❹ 抹茶粉+玉米粉过筛并和细砂糖混合均匀，加入搅拌至质地均匀的奶油乳酪中，用刮刀拌至无干粉状态后，以打蛋器轻轻打发。

⑤　加入融化好的无盐奶油，搅拌
至乳化均匀。

 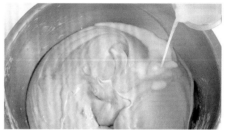

⑥　全蛋液分3次加入，拌至乳化均匀，加入鲜奶拌匀，完成乳酪面糊。

⑦　将乳酪面糊倒入饼干底模具中→抹平→入炉。

 32升

上火180℃ | 下火100℃

中层 | 无旋风

约烤 65 分钟

⑧　出炉冷却→脱模即可。

注：若乳酪蛋糕体前后两
端上色较深，可用铝箔纸
覆盖，待蛋糕中间上色后
再将铝箔纸取下。

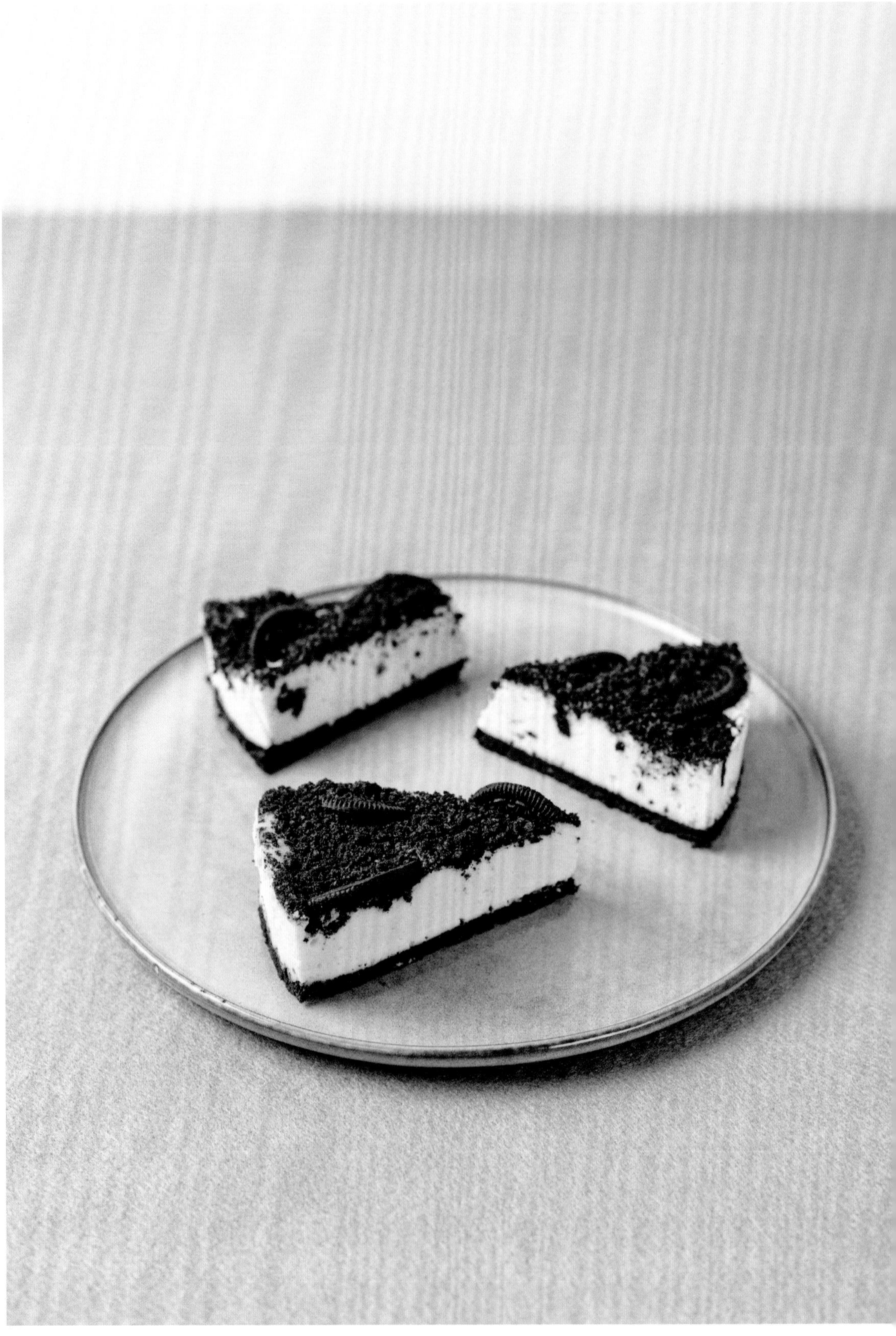

奥利奥乳酪蛋糕

模具尺寸 >>

8寸慕斯框
底部用铝箔纸包起来，放在烤盘上备用

面糊质量 >>

810克

INGREDIENTS /

[乳酪蛋糕体]

材料	实际用量（克）	实际百分比（%）
奶油乳酪	400	48.1
细砂糖	124	14.9
酸奶	100	12.0
全蛋液	208	25.0
总和	832	100.0

注1：将奶油乳酪置于室温下完全化冻备用。

[奥利奥饼干底]

材料	实际用量（克）	实际百分比（%）
奥利奥饼干碎	200	80.0
无盐奶油	50	20.0
总和	250	100.0

分量外食材 /

奥利奥饼干碎	适量
奥利奥夹心饼干	适量

注2：奥利奥夹心饼干去馅备用。

面糊搅拌均匀即可，不需特意打发，但要注意细砂糖要搅拌至充分溶解。

RECIPE / 饼干底

上火150℃ |

下火150℃

约烤 20 分钟

❶ 无盐奶油煮滚，
加入奥利奥饼干
碎中充分拌匀→
铺入慕斯框中→
压平→入炉。

❷ 出炉趁热再压平→
冷却备用。

RECIPE / 乳酪蛋糕体

❸ 奶油乳酪搅拌至质地柔软均匀，加入细砂糖拌匀，再加入酸奶拌均匀。

❹ 全蛋液分3次加入，拌至乳化
均匀。

❺ 完成乳酪面糊。

❻ 将乳酪面糊倒入饼干底
模具中→抹平。

❼ 表面撒满奥利奥饼干碎
和整片的奥利奥饼干→
入炉。

上火160℃ | 下火100℃

中层 | 无旋风

约烤 65 分钟

❽ 出炉冷却→冷藏后脱模
即可。

Chapter 6　私房点心

在蛋糕之外，于本书的结尾处再与您分享六款别致的点心，希望您喜欢！

P282～283 >> 樱花水信玄饼

P284~285 >> 胡麻豆腐

樱花水信玄饼

模具尺寸 >>
直径5厘米的水信玄饼冰球模型（10个）

单个质量 >>
80克

INGREDIENTS /

材料	实际用量（克）	实际百分比（%）
水	880	98.8
水信玄饼粉	11	1.2
总和	**891**	**100.0**

分量外食材 /

盐渍樱花	10朵
黑糖浆	适量
熟黄豆粉	适量

NOTE ‖

\# 若购买不到水信玄饼粉，可以使用透明度较高的果冻粉，先以相同比例制作，但每一种
凝固性原料添加比例都不同，水信玄饼凝固后的状态非常柔软，入口即化，是非常软的
果冻，若使用替代性材料，需要测试其添加比例，找到使成品将将可以凝固的状态。

RECIPE /

❶ 盐渍樱花以冷开水冲洗两遍，沥干水分，放入水信玄饼冰球模型，
　将模型合盖备用。

❷ 将水煮至沸腾，加入水信玄饼粉，以打蛋器快速左右搅拌直到粉末
　完全溶解。

❸ 将溶液趁热灌入模型中，待溶液冷却，将模型开口小洞封盖起来，
　放入冰箱冷藏至凝固。

❹ 凝固后取出，打开模型将水信
　玄饼倒出，淋上黑糖浆，再撒
　上熟黄豆粉即可。

胡麻豆腐

模具尺寸 >>

喜爱的容器

单个质量 >>

依容器大小均分

INGREDIENTS /

材料	实际用量（克）
鲜奶	220
动物性鲜奶油	220
细砂糖	40
原味无糖胡麻酱	60
明胶片	5.5
总和	**545.5**

注：明胶片泡冰水，软化后挤干水分备用。

分量外食材/

黑糖浆	适量
熟黄豆粉	适量

 **NOTE** ‖

\# 此配方所使用的胡麻酱应质地细滑，将其搅拌均匀后具有流动性。

RECIPE /

❶ 鲜奶+细砂糖煮至沸腾，先舀出约60克的滚沸鲜奶加入胡麻酱中，搅拌至胡麻酱滑顺。

❷ 将动物性鲜奶油加入鲜奶锅中，持续加热拌匀，再加入挤干水分的明胶片，拌至溶化均匀。

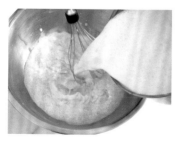

❸ 将奶油鲜奶倒入搅拌好的胡麻酱中拌匀，隔水冰镇，降温至20℃以下，倒入杯模中，移入冰箱冷藏至凝固，食用前可淋上黑糖浆、撒上熟黄豆粉。

P288 ~ 289 >> 蕨饼

P290 ~ 291　>>　鲜果乳酪

蕨饼

模具尺寸 >>

长16厘米 × 宽16厘米 × 高7厘米的正方模

成品质量 >>

700克

INGREDIENTS /

材料	实际用量（克）
水	400
黑糖	200
纯莲藕粉	100
总和	**700**

分量外食材 /

熟黄豆粉	适量

NOTE ‖

蕨粉是从蕨类根茎部分所取制出来的淀粉，是日本的高级烘焙食材，市面上很难购买到纯蕨粉，大都是添加了其他淀粉或是用葛粉制作的。虽然配方中没有使用蕨粉，但使用纯莲藕粉，也可制作出美味的蕨饼。

纯莲藕粉加入水拌匀后开始加热，只需加热至浓稠、糊化且不会分层即可入模。若加热至具有透明度且熟化后再倒入模具就会不易抹平。

蕨饼要一次蒸熟，若取出冷却后发现没蒸熟，基本上就不会再熟化了。（蕨饼只要蒸到整个膨胀，就一定会熟。）

熟黄豆粉建议在食用前粘裹，因为粘裹后放置时间过久，熟黄豆粉会变湿。蕨饼建议当日食用完毕，因为蕨饼冷藏会变硬。

RECIPE /

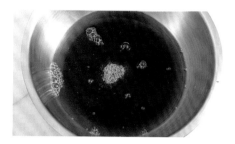

❶ 水+黑糖搅拌至黑糖溶化。

❷ 纯莲藕粉加入拌匀。

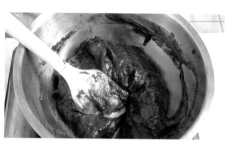

❸ 以中火边加热边搅拌至糊化。

❹ 倒入模具抹平→放入电锅蒸至
透明且膨胀→出炉静置冷却。

❺ 脱模切条→粘裹熟黄豆粉→再
分切成小正方体→均匀沾裹熟
黄豆粉即可。

鲜果乳酪

模具尺寸 >>
喜爱的容器

单个质量 >>
依容器大小均分

INGREDIENTS /

材料	实际用量（克）
马斯卡邦乳酪	50
鲜奶	220
动物性鲜奶油	220
细砂糖	25
明胶片	5.5
总和	**520.5**

注：明胶片泡冰水，软化后挤干水分备用。

分量外食材 /

芒果丁	适量

 **NOTE** ‖

\# 若是动物性鲜奶油已开封并存放一段时间了，建议将其加热煮沸后再使用。

\# 乳酪要完全冷却后才可倒入容器中，若在其温热时倒入，待冷却后其表面会结一层皮。

\# 若乳酪材料中添加了香草籽，就要冷却至乳酪呈浓稠状（冷却温度要更低），其中的香草籽才不会沉底。

RECIPE /

❶ 先将马斯卡邦乳酪打软，取1/5的鲜奶加入拌匀，再加入细砂糖拌匀。

❷ 其余鲜奶煮沸后倒入拌匀，加入挤干水分的明胶片，搅拌至溶化均匀。

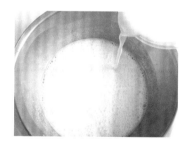

❸ 动物性鲜奶油加入拌匀，隔水冰镇至20℃以下，倒入容器中，移入冰箱冷藏至其凝固。

❹ 待乳酪凝固后，在表面摆饰新鲜水果丁即可食用。

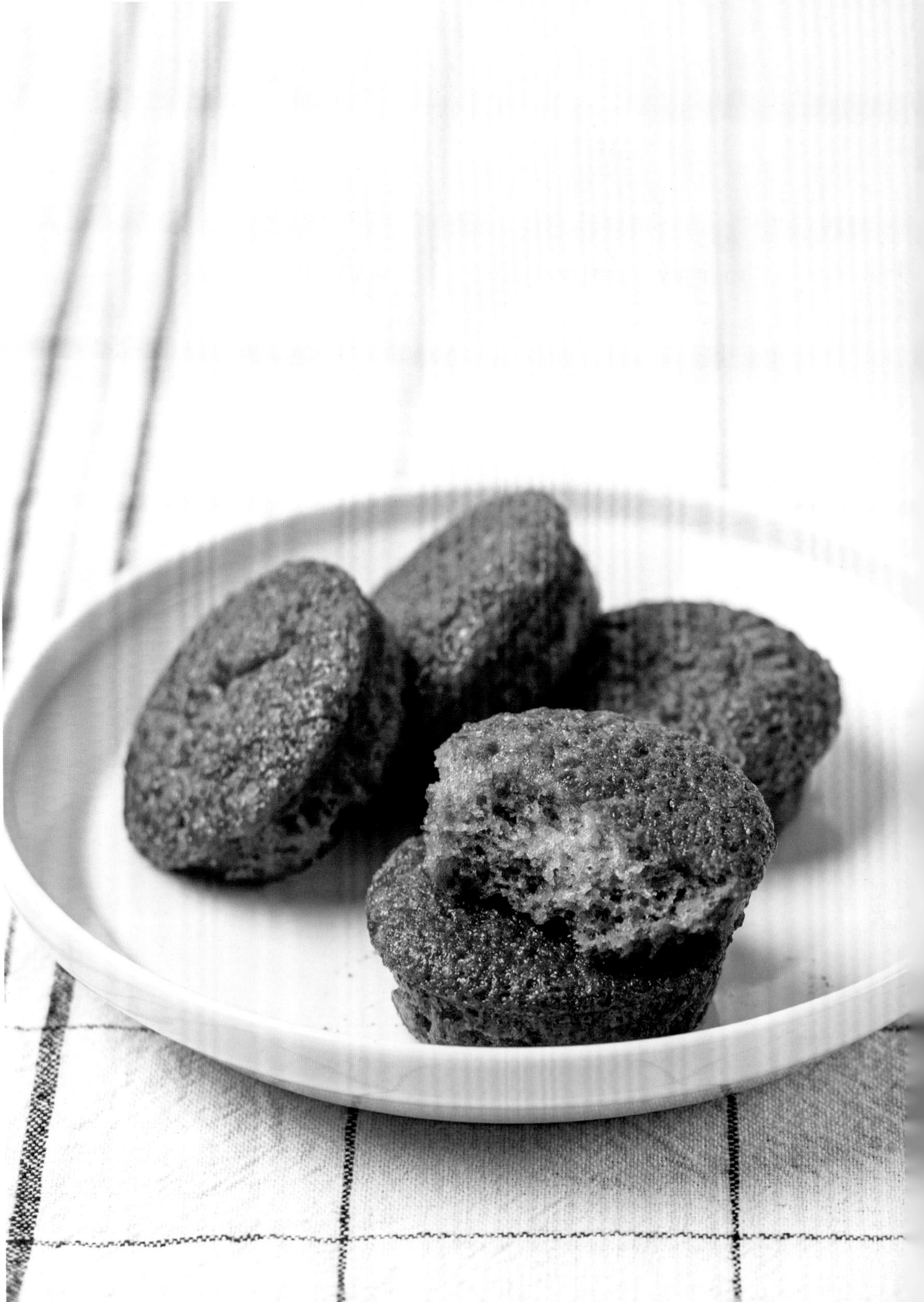

蜂巢蛋糕

模具尺寸 >>

圆底直径4.5厘米 × 圆表面直径5厘米 ×
高1.2厘米的15连硅胶模

面糊体积 >>

注入模具5分满
即可

INGREDIENTS /

材料	实际用量（克）
细砂糖	125
水	50
沸水	100
蜂蜜	75
鲜奶炼乳	185
色拉油	60
低筋面粉	105
小苏打粉	7
全蛋液	125
总和	**832**

NOTE ‖

\# 沸水倒入焦糖后会滚起来，所以第一次倒入的沸水量不要太多，避免溢出锅外。
沸水全部倒入后若有凝结的糖块，以小火煮至完全化开后再进行冷却。

❶ 细砂糖+水以中小火煮至焦糖色，转小火，将沸水分3次倒入，煮至糖液均匀→熄火静置冷却。

❷ 蜂蜜+鲜奶炼乳+色拉油搅拌均匀，加入糖液中搅拌均匀。

❸ 低筋面粉+小苏打粉过筛加入，拌匀。

❹ 全蛋液加入拌匀，完成面糊。

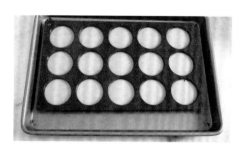

 上火200~210℃ | 下火180℃

中层 | 铁盘 | 无旋风

烤 12~13 分钟

❺ 硅胶模放置在铁盘上，将面糊挤入约5分满→入炉。

❻ 出炉→静置到完全冷却→脱模
   即可。

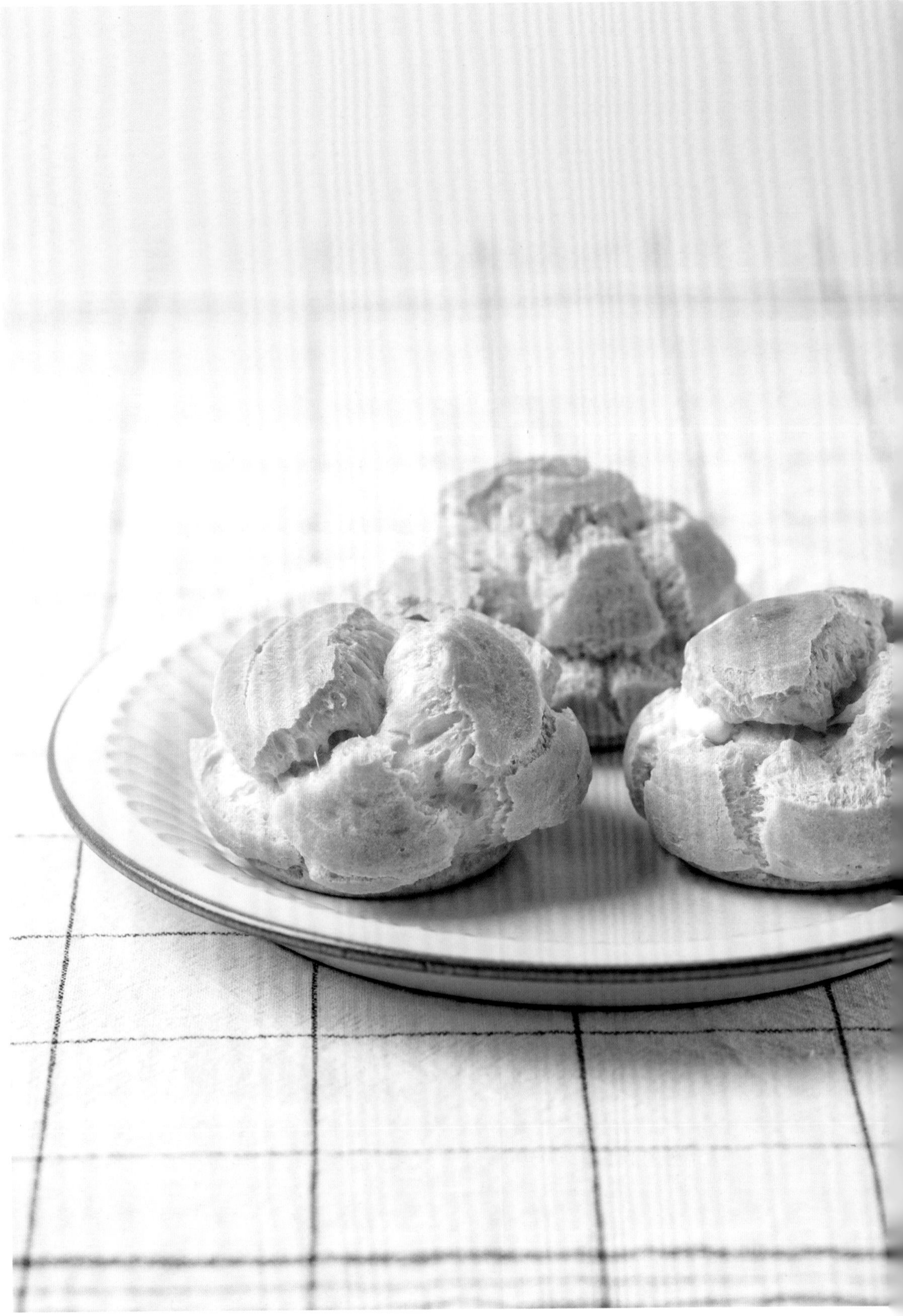

泡芙

模具尺寸 >>

不粘烤盘

面糊质量 >>

40 克／个

INGREDIENTS /

材料	实际用量（克）	实际百分比（%）
无盐奶油	125	18.9
水	125	18.9
低筋面粉	125	18.9
全蛋液	285	43.3
总和	**660**	**100.0**

卡仕达鲜奶油馅 /

卡仕达粉	**150** 克
鲜奶	**450** 克
打发鲜奶油	适量

注：打发鲜奶油做法见 P 195

 **NOTE** ‖

\# 面粉加热程度若不足，加入全蛋液后状态就会太稀软，则所制泡芙在焙烤后会太扁，膨胀不起来。

\# 大部分的泡芙做法中建议，为避免锅底焦化，面粉在入锅加热时应转小火加热搅拌并持续一段时间。但本书配方需让面粉停在表面，持续中大火沸腾加热，很快达到完成状态。

\# 在焙烤泡芙的过程中不要开烤炉门，否则泡芙会塌陷扁掉。

RECIPE / 卡仕达鲜奶油馅

蛋糕研究室

❶ 将卡仕达粉加入鲜奶中持续搅打至均匀滑顺（此阶段即为制作卡仕达馅），再加入打发的鲜奶油*中拌匀即可。

* 打发鲜奶油的加入量约为卡仕达馅体积的一半，它可以增添内馅滑顺感，也可依个人喜好决定其添加量，也可以直接在泡芙中填入卡仕达馅。

RECIPE / 泡芙

❷ 无盐奶油+水煮滚并维持在沸腾状态，将面粉均匀撒在其表面（此时面粉还未沉入锅底，不用担心烧焦），一边维持其沸腾状态，一边将面粉煮至糊化，然后以刮刀将表面的干粉轻轻拨入液体中。

 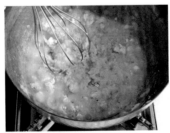 

❸ 尽量不要让面粉沉入锅底，持续沸腾煮至其变浓稠后再转小火，持续以打蛋器搅拌加热至面糊无干粉状态且成团时离火。

❹　将全蛋液分4次加入拌匀，完成面糊。

> 注1：因为温度很高，加入蛋时要快速搅拌，避免其变熟，此阶段可利用桌面搅拌机，亦可使用手持电动搅拌机加速搅拌。

❺　挤花袋装入1厘米平口花嘴，填入面糊，在不粘烤盘上挤出直径约5.5厘米的圆形面团→入炉。

	Ⅰ	Ⅱ
	上火200℃ | 下火200℃	上火160℃ | 下火160℃
	中层 | 无旋风	中层 | 无旋风
	约烤 20 分钟	约烤 30 分钟

❻　出炉。

> 注2：泡芙以42升烤箱制作时单次烘烤量较多，若使用32升烤箱则需烘烤2次且要用保鲜膜覆盖面糊，避免其表面风干结皮。

❼　泡芙冷却后戳洞，将卡仕达鲜奶油馅挤入即可。

图书在版编目（CIP）数据

蛋糕研究室 / 林文中著 . — 北京：中国轻工业出
版社，2021.8
ISBN 978-7-5184-3306-3

Ⅰ . ①蛋… Ⅱ . ①林… Ⅲ . ①蛋糕—制作 Ⅳ .
① TS213.23

中国版本图书馆 CIP 数据核字（2020）第 246974 号

责任编辑：张　靓　王宝瑶　责任终审：劳国强　整体设计：锋尚设计
策划编辑：张　靓　　　　　　责任校对：朱燕春　责任监印：张　可

出版发行：中国轻工业出版社（北京东长安街6号，邮编：100740）
印　　刷：北京博海升彩色印刷有限公司
经　　销：各地新华书店
版　　次：2021年8月第1版第1次印刷
开　　本：787×1092　1/16　印张：18.75
字　　数：300千字
书　　号：ISBN 978-7-5184-3306-3　定价：108.00元
邮购电话：010-65241695
发行电话：010-85119835　传真：85113293
网　　址：http://www.chlip.com.cn
Email：club@chlip.com.cn
如发现图书残缺请与我社邮购联系调换
200773S1X101ZYW